수환경 오염지표인
깔따구과(Chironomidae) 개론

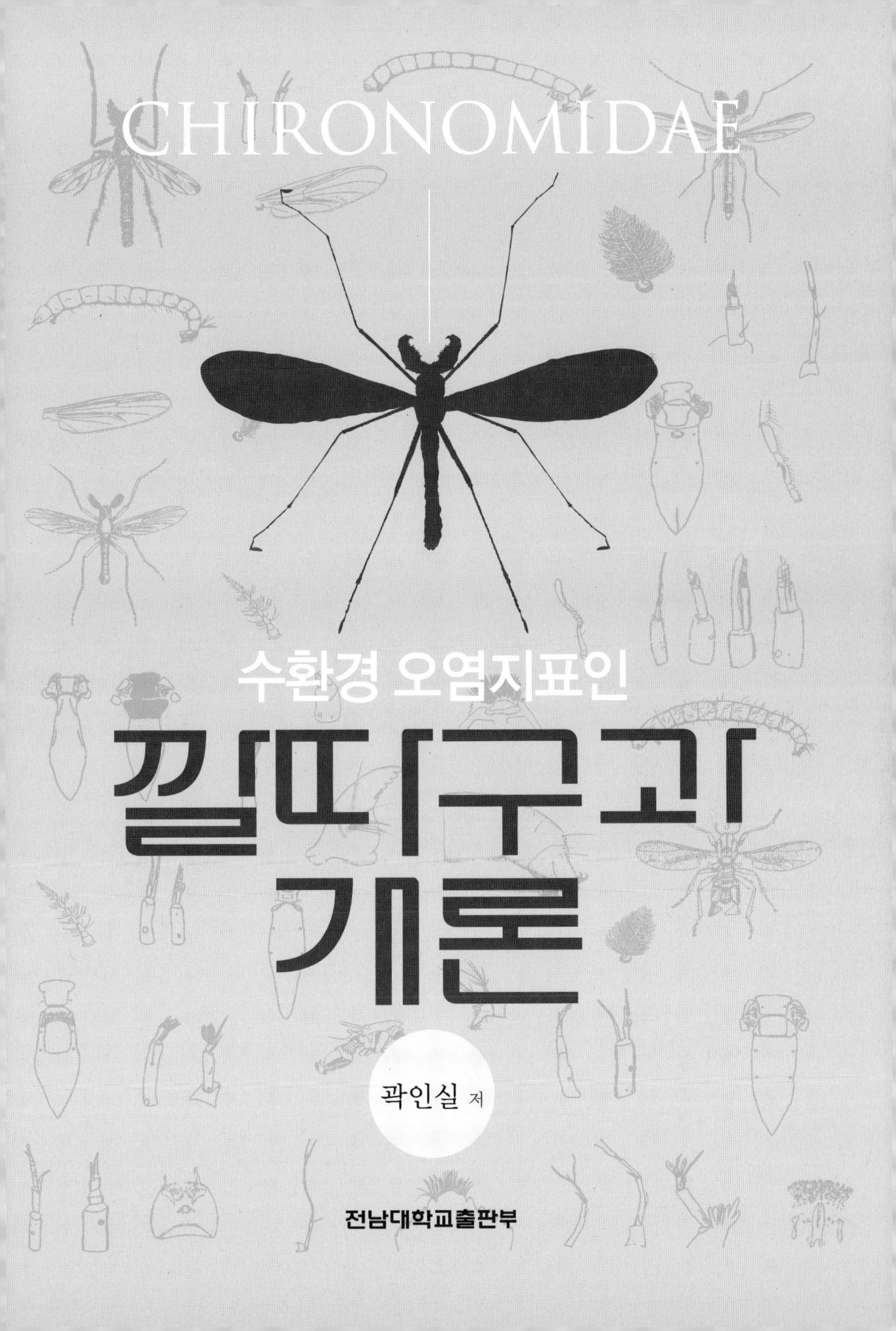

CHIRONOMIDAE

수환경 오염지표인

깔따구과 개론

곽인실 저

전남대학교출판부

| 서문 |

깔따구(chironomids 또는 midge)는 하천과 수서생태학을 공부하는 연구자라면 익숙하게 접하였을 생물이다. 물고기의 행동과 습식, 물고기를 낚시하다 흔하게 보았을 것이고, 생태학적 복원과 개발을 진행하는 대상지에서는 어김없이 깔따구가 다량 서식하고 있다는 보도를 들었을 것이다. 간척지를 비롯한 토지의 개량과 개발이 되는 곳에서는 대량 번식으로 주민들의 민원이 제기되는 생물이기도 하다. 깔따구는 치어나 물고기의 먹이원으로 인식되는 유익한 생물자원이지만 토지 개발과 복원의 측면에서는 제거되거나 보이지 않아야 되는 부정적인 수생물의 일종으로 인식되기도 한다.

수서곤충을 포함한 저서성 대형무척추동물을 전공하는 연구자에게 깔따구는 다양한 조사지에서 우점을 차지하는 분류군으로 양적인 중요함과 더불어 종 동정에 어려움이 많다. 때로는 동정을 하기 위해 슬라이드를 제작하고 광학현미경으로 검색키를 보느라 많은 시간을 쏟아야 하는 까다로운 생물이기도 하다. 그럼에도 불구하고 수중 생물상에서 차지하는 중요성으로 분류학적인 연구가 이루어져야 한다는 것에 동의하지 않는 연구자는 없을 것이다.

저자 또한 누군가가 이 귀찮은 일을 해 주었으면 좋겠다는 생각도 하였고 외국자료를 토대로 자료정리를 하다가 그만두기를 반복하였다. 처음 구상하였던 분량은 방제와 유전 연구를 포함하여 구성하고자 하였으나, 2008년 중단한 작업을 다시 보니 분류학적인 체계를 갖추어 책자를 완성시키고자 한다면 많은 시간이 필요할 것이고 출판을 하지 못할 것이라는 생각이 들었다. 이런 연유로 깔따구과를 공부하고자 하는 연구자에게 기초적인 또는 전문적인 형태정보와 분류학적인 기반, 그리고 우리나라의 깔따구과의 출현 현황을 담아내는데 구성을 축소하였다.

우리나라의 수서곤충 중 깔따구에 대한 분류적인 정보는 매우 부족하다. 비교적 오염이 덜하여 기피하지 않는 서식처에서 출현하는 하루살이, 날도래, 강도래는 큐티클로 구성된 골격을 유지하고 있으며 상대적으로 눈으로 식별이 용이하여 분류학적인 연구가 다수 이루어져 있는 수서곤충이다. 반면에 깔따구의 두부는 큐티클로 덮혀 있으나 몸통은 연약한 체절의 형태로 이루어져 육안으로 확인되는 분명한 특징이 거의 없다. 체색은 먹이가 가진 색소, 서식처의 환경에 따라 달라지기도 한다. 그럼에도 불구하고 붉은 색을 띠어 육안으로 구분이 용이한 *Chironomus* 속의 깔따구는 오염된 환경에 내성이 있다고 알려져 다른 수서생물의 출현없이 *Chironomus*가 다량 서식하면 수질 4급수라고 판단을 내리게 되는 지표생물로 활용하기도 한다.

본 책자의 구성은 총 3장으로 구성하여 일반인이 이해하고 볼 수 있는 제1장 개론에서부터 연구자에게 필요한 한국의 깔따구 분류에 대한 자료를 제2장과 제3장에 나누어 담았다. 1장에는 깔따구과의 분류학적인 일반개론에 대해서 그림과 함께 설명하여 이해를 돕고자 하였으며, 2장에서 다루게 되는 깔따구과의 분류체계는 비전문가도 볼 수 있도록 검색키를 한글과 전문용어로 병기 하였다. 검색키에 사용되는 전문용어의 설명과 약자에 대한 해설은 부록 2에 담아두었다. 3장의 한국 깔따구과의 출현 현황을 기초로 한 분류는 연구자에 의해 향후 지속적으로 추가되거나 지역적인 특이종이 추가될 수 있도록 가장 체계가 안정적인 북미 연구그룹에서 주로 사용되는 검색키를 사용하여 원문을 찾아서 확인하는 번거로움을 줄이고자 하였다. 그리고 한국에서 출현이 보고된 깔따구(표 2)를 대상으로 검색키를 통해서 동정할 수 있도록 3장을 구성하였다. 한국에서 출현이 보고되지 않아 검색키를 더 이상 추가하지 않은 경우에는 "성충 미보고"로 기재하여 성충과 유충의 연계 연구가 필요함을 표시해 두었다.

저자가 책자를 구성하며 안타깝게 생각하는 점은 한국 연구자들이 게재한 문헌상의 깔따구 출현은 수로 성충을 대상으로 하고 있어 유충 단계의 검색키를 제계적으로 제공하고 있지 않다는 것이다. 또한 국제적으로 통합된 검색키를 제시할 수 없는 상태에서 국가별로 검색키가 사용되고 있는 실정으로 한국의 검색키를 제시하는 것은 또 다른 문제점을 유발시키는 시발점이 될 수 있을 것이다. 이런 연유로 Epler 박사가 인터넷상에서 제공하여 쉽게 접근이 가능하고, 업데이트 관리가 잘 이루어지고 있는 북미의 분류체계를 기준으로 한국에서 출현한 깔따구과를 동정할 수 있도록 검색키를 구성하여 미흡하지만 본 책자를 마무리 짓고자 한다.

2015. 1. 20.

전남대학교 해양기술학부 곽 인 실

목차

서문 ______ 5

제1장 깔따구과(Chironomidae)의 개론

제1절 깔따구과의 일반적인 특성 — 13

1. 깔따구의 분류학적 개요 — 18
2. 깔따구과의 형태 — 18
3. 두부(The Head Capsule) — 20
4. 늪깔따구아과(Tanypodinae)의 두부 — 22

제2절 깔따구과의 동정 — 24

1. 깔따구 채집, 배양 그리고 보존 — 26
2. 깔따구 유충 동정을 위한 슬라이드 제작 — 27
3. 깔따구 유충의 분류 — 37
4. 동정의 정확성 — 42

제2장 깔따구아과(Subfamilies)의 형태학적 분류

1. Telmatogetoninac — 45
2. Podonominae — 46

3. Tanypodinae — 47
4. Diamesinae — 48
5. Prodiamesinae — 49
6. Orthocladiinae — 51
7. Chironominae — 54
8. Chironomidae 아과 동정을 위한 pictorial key — 57

제3장 한국 깔따구과의 분포

제1절 한국 깔따구과 분포 개요 — 60

제2절 깔따구아과(Chironominae) 검색키 — 67
A. Key to the genera of larval Chironominae of the South Korea — 67
B. Key to *Chironomus* larvae of the South Korea — 102
C. Key to *Dicrotendipes* larvae of the South Korea — 104
D. Key to *Parachironomus* larvae of the South Korea — 108

제3절 깃깔따구아과(Orthocladiinae) 검색키 — 110
A. Key to the genera of larval Orthocladiinae of the South Korea — 110
B. Key to *Cricotopus* larvae of the South Korea — 133

제4절 늪깔따구아과(Tanypodinae) 검색키 ——— 139

A. Key to the genera of larval Tanypodinae of the South Korea ——— 139

B. Key to *Ablabesmyia* larvae of the South Korea ——— 149

C. Key to *Tanypus* larvae of the South Korea ——— 153

참고문헌 ______ 156

표 ______ 157

부록 1. 깔따구 동정에 필요한 실험 장비와 물품 체크리스트 ______ 162

부록 2. 용어 설명과 약자 ______ 163

그림 목차

그림 1. 깔따구 성충 수컷 — 18
그림 2. 깔따구의 외형적인 특성 — 19
그림 3. *Dicrotendipes*의 두부 배면 — 20
그림 4. 깔따구 상순(labrum)의 배면과 두부의 등면 — 21
그림 5. Tanypodine의 두부 구조 — 23
그림 6. CMC를 이용한 슬라이드 제작과정 — 34
그림 7. 깔따구의 외형적인 특징 — 38
그림 8. 깔따구 배 발단부분의 세관(tubules) 형태 — 39
그림 9. 깔따구의 다양한 두부의 형태와 구조 — 40
그림 10. 깔따구 두부에서 볼 수 있는 다양한 모양의 촉각들 — 41
그림 11. Telmatogetoninae 아과의 주요특징들 — 45
그림 12. Podonominae아과의 주요특징들 — 46
그림 13. Tanypodinae 아과의 주요 특징들 — 47
그림 14. Diamesinae의 주요특징들 — 49
그림 15. Prodiamesinae의 주요 특징들 — 50
그림 16. Orthocladiinae 아과의 주요 특징들 1 — 52
그림 17. Orthocladiinae 아과의 주요 특징들 2 — 53
그림 18. Chironominae 아과의 주요 특징들 1 — 55
그림 19. Chironominae 아과의 주요 특징들 2 — 56

제 1 장

깔따구과(Chironomidae)의 개론

제1절 깔따구과의 일반적인 특성

우리나라에서 수서곤충, 저서성 대형무척추동물을 조사하는 과정에서 흔하게 발견되는 깔따구과는 절지동물문 곤충강 파리목 모기아목에 속하는 분류군으로 유충은 수중 생활을 하며 서식처는 매우 다양하여 하천, 호수, 해양에 이르기까지 광범위한 분포를 하고 있다. 특히, 깔따구과는 하천생태계에 서식하는 무척추동물 중 가장 높은 출현밀도를 보인다. 일반적으로 성충은 모기와 유사하게 생겨 모기붙이라고 불리기도 하며 물지 않는 곤충으로 nonbiting midge라고도 불린다. 유충은 수중의 비교적 오염이 적은 곳에서부터 유기물이 많아 오염이 된 서식처에까지 분포하며, 체색은 먹이원에 따라 달라지기도 하여 다양한 색으로 관찰되기도 한다. 특히, 오염에 비교적 내성이 강한 *Chironomus* 속을 포함한 일부 유충은 붉은색을 띠고 있어 붉은 실지렁이처럼 보이기도 한다. *Chironomus*는 혈액 속에 헤모글로빈을 함유하고 있어 체색이 붉으며, 산소친화력이 뛰어난 생리적인 특성으로 저산소층에서도 서식할 수 있는 오염내성이 있는 생물로 인식되고 있다. *Chironomus* 속의 1령기 유충은 플랑크톤과 같이 부유성으로 체색이 붉지 않아 식별이 어렵고 3령기가 되면 육안으로 구분되는 붉은 색을 띠게 된다.

사진 1. 서울 청계천에 출현한 깔따구로 인한 시민들의 불편을 보도한 동아일보의 기사를 MBC가 보도한 사례(2013-6-17). 시골지역이 아닌 도심에서 출현한다는 보고가 늘어나는 추세이다. 부산의 도심상가 밀집지역에 깔따구 떼가 출몰하여 긴급방역을 실시하기도 하였고(부산뉴스 2014-11-18.), 까맣게 뒤덮은 가덕도 깔따구 떼의 출현은 준설토와 이상기온이 원인으로 보도되기도 하였다(부산일보 2013-04-26). 2006년 진해시 웅동에 거주하는 피해 주민 1357명은 "준설토 투기장에서 발생한 깔따구 등 유해 곤충으로 인해 정신적 피해와 영업 손실을 입었다"며 집단 민원을 제기했으며, 2007년 중앙환경분쟁조정위원회는 신항만 건설 주체인 해양수산부가 이 지역 주민에게 총 17억6396만 원을 배상해야한다는 결정을 내리기도 했다. 이는 국내에서 유해 곤충에 의한 피해를 인정한 첫 사례이자, 단일 환경 분쟁 조정 사건으로는 최대 액수의 배상 결정이었다. 노원구 정화사업 효과로 당현천 주변 깔따구 출현이 지난해에 비해 확연히 줄어 거의 찾아보기 어려울 정도이고 주민들이 당현천을 산책하는 데 불편함을 전혀 느끼지 않게 되었는데 이는 구에서 녹조 제거와 유용 미생물 투입, 하천 바닥 청소 등 꾸준히 당현천 관리에 노력한 결과라고 기사화되었다(서울신문). 장마철 충남 서해안은 '깔따구 지옥'이라고 기사가 실리기도 하였다(서산=충청일보. 2013-7-18).

깔따구과는 담수 저서성대형무척추동물 중 가장 풍부한 개체수를 차지하며, 전국적으로 가장 광범위한 지역에 많은 종들이 분포하는 것으로 알려져 있다. 대다수 깔따구들은 담수에 서식하지만, 육지의 옥수수 밭이나 건조한 활엽수림 낙엽 층에서도 발견되기도 하며 전 세계 해안을 따라서 발견되기도 하였으며 때로는 바다 속 30m에서도 볼 수 있다고 보고되었다. 깔따구과는 완전변태로 4단계의 생활사(알-1~4단계 유충기-번데기-성충)를 하는 곤충으로 해발 5600m의 네팔 빙하에서부터 수심 1000m 이상의 바이칼 호에 이르기까지 분포한다(Kohshima, 1984; Linevich, 1963). 생태학적으로 많은 숫자와 종을 가지고 있어 우점분류군으로서 중요한 가치를 지닌 깔따구는 진화학과 유전학, 독성학과 분자생물학적인 연구대상 생물로 세계적으로 널리 사용되고 있다. 깔따구는 거대 침샘염색체를 지녀 유전학 연구에 사용되어져 왔으며, 일부 유충은 헤모글로빈을 지녀 유기물 오염되어 저산소층이 형성된 수환경에서도 서식하는 특이성을 보이고 있다. 근래에는 이런 특성으로 하상 공간의 퇴적물에 농축되는 중금속을 비롯한 다양한 유해물질에 대한 생태독성반응을 분석하기 위한 실험생물로도 사용되고 있다.

사진 2. 서울 양재천의 비둘기들이 깔따구 유충과 실지렁이를 낚시하는 모습. 하천의 저서생물은 조류와 어류의 먹이원으로 이용된다.

깔따구 유충은 물 속에 녹아 있는 각종 유기물들을 먹으며, 이들의 구강구조는 유기물을 걸러먹기에 적합한 입 구조를 가지고 있다. 입 주변에는 먼지털이 모양의 헛 팔이 있어 선호하는 입자를 걸러서 입으로 보내 줄 수 있다. 헛 팔은 옮겨 준다는 면에서는 팔이지만 입자를 걸러 낸다는 면에서는 체와 같은 기능을 한다. 보통 유충 시기는 알에서 깨어난 후 1령기에서 4령기를 거친 후 짧은 번데기 시기를 거친 후 성충이 된다. 이 후 번데기에서 탈피한 성충의 깔따구들은 유충 시기의 기다란 유선형의 몸매는 완전히 바뀌어서 모기와 매우 유사한 곤충으로 태어나므로 모기붙이라고 부르기도 한다. 깔따구들의 입에는 모기와 달리 동물과 사람의 피부를 뚫고 찔러 넣을 침이 없어 모기와 확연히 구분이 된다. 유충시기가 길었던 반면에 성충 시기는 매우 짧아 먹지도 않고 생식만 하고 사라지는 하루살이와 같이 짧은 비행 시기를 가진 생물이다.

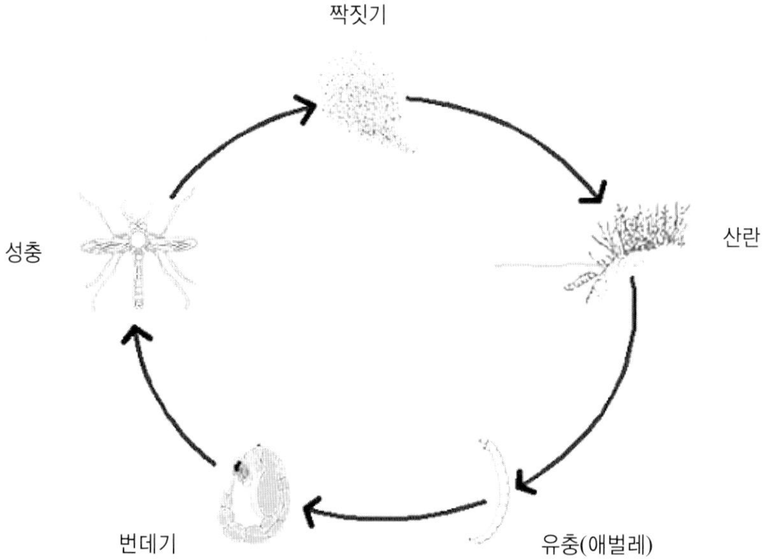

사진 3. 깔따구의 유충 시기는 물에서 서식하고, 성충은 곤충의 형태로 육상에서 생활을 한다. 깔따구 생활사는 비교적 짧아 유전학과 생태독성학적 연구의 실험생물로 적당하다. 최근에는 유전자 정보가 밝혀진 종은 생태독성과 분자지표에 관련된 연구들이 이루어지고 있다.

매립지 조성을 비롯한 토지개발을 하는 과정에서 대량으로 출현하여 사회적인 문제가 되기도 하는 깔따구 성충은 인간의 거주지 가까운 곳에서 대량으로 우화할 경우 불쾌지수를 높이는 생물로 인식되어 민원의 대상이 되어 왔으며, 인간에게 알레르기 반응을 일으키는 것으로도 알려져 있다(Ali 1991; Armitage et al. 1995). 깔따구가 논에서 잎을 뚫고 씨와 묘목을 먹어 해충으로 보고되기도 하였으며, *Cricotopus* 속의 근연종들은 미국 남부에서 생물학적으로 수서 식물들을 조절 관리하는데 사용되기도 하였다. 저서생물 학자들에게 있어 깔따구의 서식분포 특성은 잠재적으로 수질의 정도가 반영되는 유용한 지표생물이다. 일부 속이나 종들은 양호한 수환경에서 서식하는 것으로 알려져 있으며, 유기물 오염된 수질환경에서 다량으로 출현하는 종도 있는 것으로 알려져 있다. 깔따구과의 유충은 동정의 어려움으로 인해 다수의 문헌에서 오동정된 상태로 보고되기도 하며 과(family)나 속 수준, 또는 sp.처리로 기재되기도 한다.

깔따구의 과(family) 분류체계의 복잡성은 혼동을 불러오기도 하였다. 깔따구과는 국제동물명명규약(Code of zoological nomenclature)에 의해 이름의 변화를 필요로 하기도 하였고, 현재는 성충단계와 유충단계를 나누어 분류체계가 구성되어져 있다. Ashe(1983)는 깔따구과의 분류학적 문제를 재검토하여 보고하기도 하였다. 오늘날 종과 속의 범위는 연구자들이 깔따구의 생활사 특징을 파악하면서 개정이 되고 있다. 깔따구의 생물학적, 생태학적 연구들이 정리되어져 발표되었으며(Armitage et al. 1995), 깔따구 유충은 1983년 Entomologica Scandinavica "Holarctic keys"의 첫 번째 권에서 다루어졌다(Wiederholm 1983). 그 후 3년 뒤 번데기에 관한 것이 만들어졌고(Wiederholm 1986), 뒤이어 성충에 관한 내용이 만들어졌다(Wiederholm 1989). 각 성장단계별로 구분된 Wiederholm의 분류책자에는 각 속의 가장 중요한 부분들을 삽화들과 함께 기재하였고, 다른 유사 분류군들과 구별되는 분류군의 특징들을 짧게 서술하였다. 깔따구 연구자에게는 필수적인 참고문헌이지만 유충에 관한 책자가 발표된 이후 많은 새로운 속들과 알려지지 않은 유충들이 보고되고 있어 더 많은 자료들이 추가되어야 할 것이다.

1. 깔따구의 분류학적 개요

깔따구과는 11개 아과로 나누어지며 이 중 북미에서 7개의 아과가 보고되었다. 북미의 경우 Telmatogetoninae와 Podonominae 두 아과는 제한된 서식지에 서식하며, 다른 아과인 Diamesinae와 Prodiamesinae는 희귀한 지역에서 보고되어, 깔따구과의 주요 아과로는 Tanypodiae, Orthocladiinnae 그리고 Chironominae로 알려져 있다. 우리나라는 깔따구아과(Chironominae), 깃깔따구아과(Orthocladiinae) 그리고 늪깔따구아과(Tanypodinae)로 3아과 24속 43종(한국곤충명집, 1994)이 보고되었다.

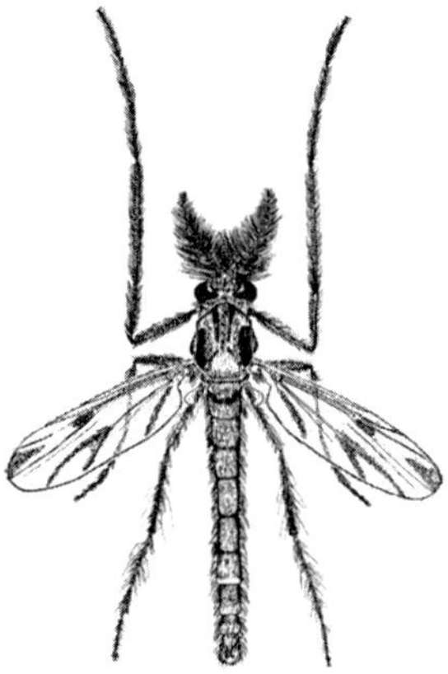

그림 1. 깔따구 성충 수컷. 모기처럼 보이지만 침이 없으며, 안테나에 미세모가 많이 나 있어 털 뭉치처럼 보이는 것이 깔따구 수컷이다.

2. 깔따구과의 형태

깔따구 유충의 몸은 경화되고 신축성 없는 두부(head capsule)와 두부 배면으로 폭이 좁은 대악(mandibles), 원통모양의 몸통으로 구분된다. 보통 몸통의 첫 번째 마디에는 분리된(unjunction) 한 쌍의 앞쪽 측지(prolegs: 배다리)가 있으며 몸통의 마지막 마디에 후부 측지가 존재하고 한 쌍의 강모(setae)-전미모(proceri)와 하나 또는 세 쌍의(보통 2쌍) 항문관(anal tubules)을 가지고 있다. 일부 육상 깔따구들과 특별한 환경에 서식하는 깔따구들은 한 쌍 또는 두 쌍의 측지가 상실되기도 한다. 보통 Podonominae 아과의 일부를 제외하고는 기문(spiracles)이 없으며, 유충시기는 1령기에서 4령기를 거친다. 유충 시기는 온도와 먹이 조건에 의해 2주에서 4년까지 지속되기도 하며 4령기에는 유충의 가슴이 팽대되어 번데기 단계로 진입한다. 1령기의 유충은 플랑크톤성으로 채집이 어렵고 마지막 령기로 가면서 완전한 저서성이 된다. 몸의 체색은 흰색, 노란색, 녹색, 푸른색, 보라색, 붉은색, 갈색 등 서식처의 환경과 먹이원에 따라 다양하게 나타난다.

깔따구과의 형태는 복잡한 요소로 이루어져 있어, 많은 종들이 동종이명을 가지고 있기도 하며 해부학적인 구조에 대해서도 동일한 구조에 대하여 몇 가지 다른 이름으로 불리기도 한다. 예를 들면, mentum(하순기절)을 hypochilum, hypostoma, hypostomium, hypostomial plate, labium 또는 labial plate라고도 불리기도 하였으며, 우리나라의 경우 하순기절로 사용하고 있다. 깔따구의 형태연구가 증가함에 따라 구조의 명칭도 많은 변화를 거쳐 왔으며 Saether(1980)가 정리한 깔따구 형태에 관한 용어를 대부분 사용하고 있다.

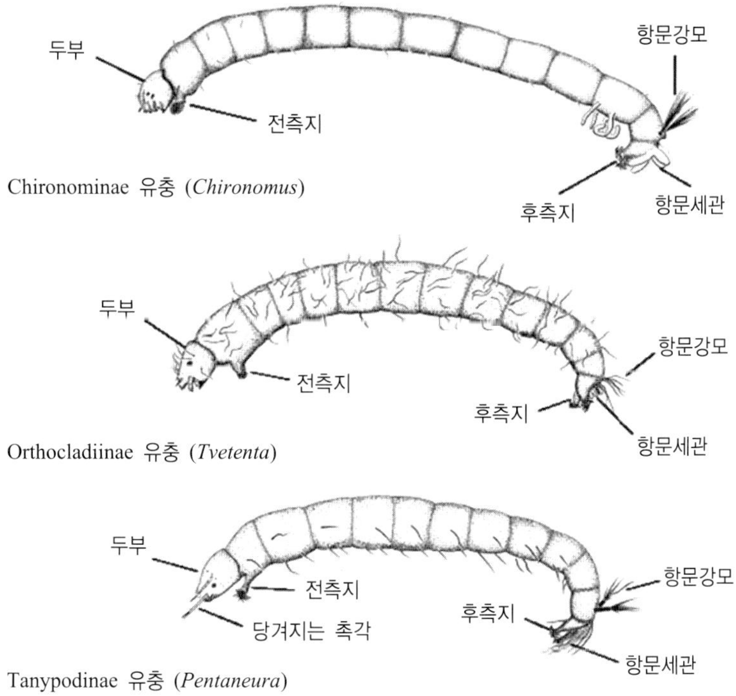

그림 2. 깔따구의 외형적인 특성

3. 두부(The Head Capsule)

유충들을 동정하기 위하여 사용하는 특징들의 대다수는 경화되어 있는 두부와 머리의 배면에 위치해 있다. 일반적으로 깔따구의 두부 배면은 Tanypodinae를 제외하고는 대체적으로 유사하므로 기본적인 깔따구의 두부 배면을 파악하면 그림 3과 같다. 전대악(premandible)은 상순(labrum)의 아래에 위치하며 일부 아과에는 없다. 정단이빨(apical teeth)의 개수와 강모(setae)의 유무, 전대악모(premandibular brush)가 동정에 중요한 기준이 된다. 대악(mandible)의 많은 특징들은 동정을 하는데 유용하다. 정단 안쪽의 위쪽 이빨 개수와 모양, 정단 내강모(setae interna)의 유무, 인편강모(seta subdentalis)와 즐치상 큰턱(pecten mandibularis)의 모양이 동정에 사용된다. 아래턱수염(maxillary palp), 여러 가지의

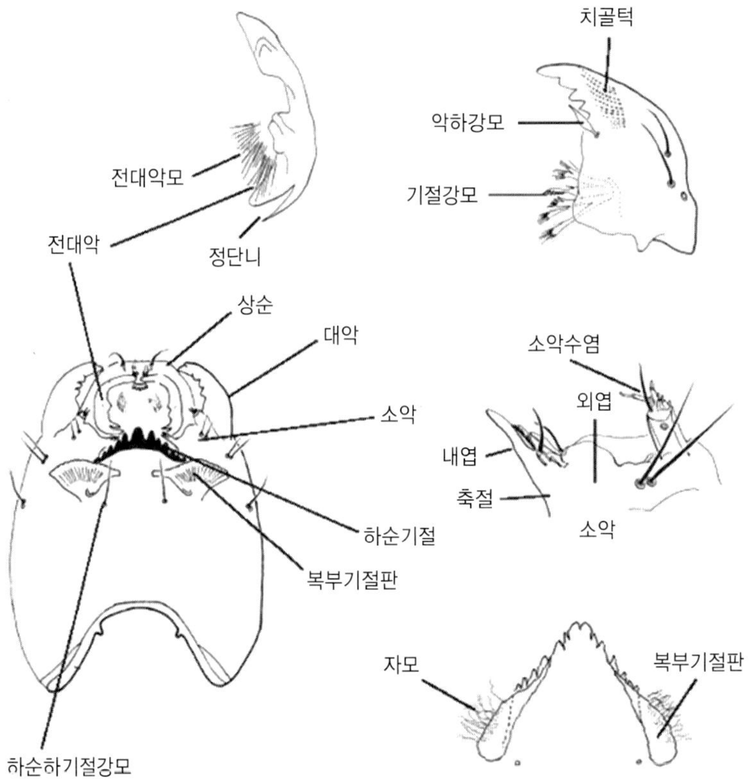

그림 3. *Dicrotendipes*의 두부 배면

강모(setae), 강모의 빗(setal comb)과 같은 소악(maxilla)의 구조들도 동정에 유용하다. 하순기절(mentum)은 두부의 뚜렷하고 두드러진 구조들 중 하나이다. 이빨의 모양과 개수는 동정에 있어 매우 중요하다. 여러 아과들에는 복부기절판(ventromental plate)들이 존재한다. 강모그룹인 자모(beard)는 복부기절판 부근이나 아래, 또는 하순기절(mentum)과 소악(maxilla)의 가장자리에 있다. 하순기절(mentum)의 뒤쪽에 위치하는 한 쌍의 강모인 하순하기절강모(setae submenti)는 일부 분류군의 동정에 중요하게 사용된다.

두부의 가장 위쪽에 위치하고 있는 상순(labrum)은 대부분 슬라이드 제작을 통하여 배면 방향에서 관찰된다. 여러 개의 매우 중요한 강모(setae)와 다른 구조(예로, S 강모(S setae), 상순박막층(labral lamellae), 즐치상 상인두(pecten epipharyngis)들은 상순(labrum) 가까이에 위치한다. 상순(labrum)의 뒤쪽에는 상순절편(labral sclerites)이 위치한다. 상순절편은 그림 4에서와 같이 항상 위쪽에 존재하지 않으며, 다양한 경판(sclerites)들이 융합되

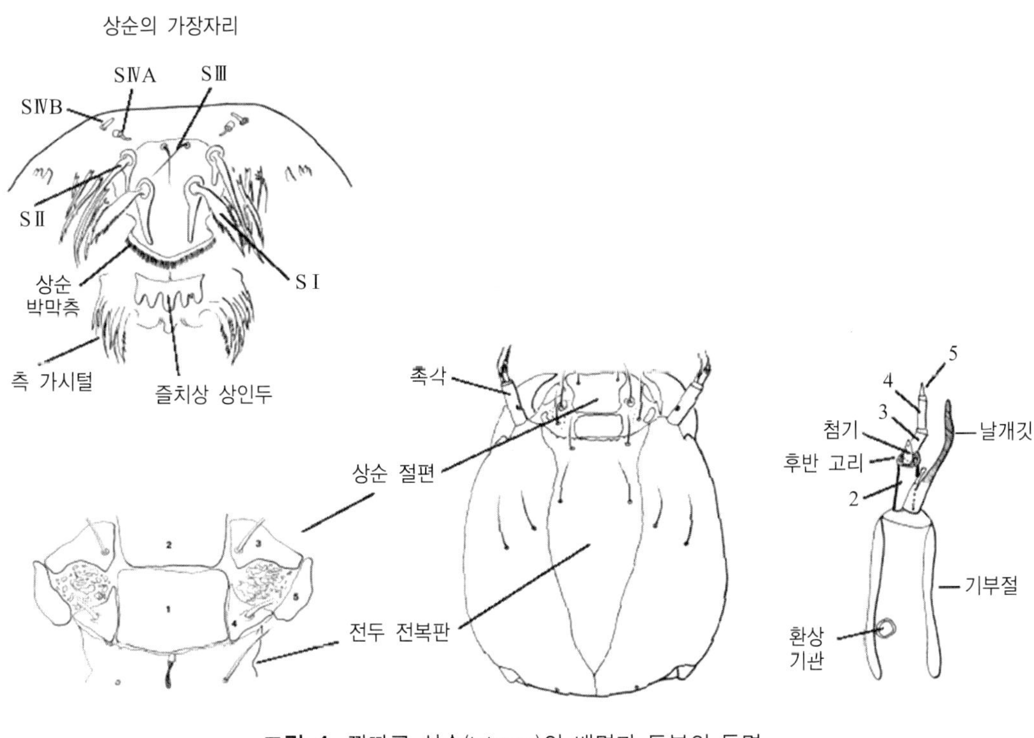

그림 4. 깔따구 상순(labrum)의 배면과 두부의 등면

어져 있다. 상순절편 1은 종종 전복판(apotome)과 융합되어 아마방패판(frontoclypeal apotome)을 형성한다. 모든 아과에서 촉각(antennae)은 매우 중요한 특징으로 일반적으로 촉각 첫째 마디(basal antennal segment)를 기준으로 환산한 촉각 비율(antennal ratio, AR)을 동정에 이용한다. 정단마디(apical segments)는 특히 6-, 7-, 8- 마디로 된 촉각을 가진 속들의 경우 분별하기 어렵다. 감각기관인 Lauterborn organs은 촉각 두 번째 마디나 꼭대기에 있으며, 환상기관(ring organ)과 함께 위치가 중요하다. 위상차 현미경은 상순의 위쪽과 촉각의 투명한 구조들을 관찰하는데 편리하다.

4. 늪깔따구아과(Tanypodinae)의 두부

Tanypodae 아과는 당겨질 수 있는 촉각(retractile antennae)과 여러 독특한 구조를 가짐으로 다른 아과와 구분이 용이하다. 순설(ligula), 부순설(paraligula), M 부속지(M appendage)와 같은 독특한 구조들은 전하순-하인두 복합체(premento-hypopharyngeal complex)의 변형물로 하순기절(mentum) 위쪽에 위치하여 결합되어 있다.

Tanypodinae는 육식성으로 대악(mandible)의 긴 정단이빨들은 먹이를 잡고 포획하기 위하여 잘 발달되어 있다. Tanypods의 작은 턱수염(maxillary palp)은 단순하거나 6개의 부분으로 분할되어 있고, 수염(palp)의 말단에 여러 개의 감각기관이 있다. b 감각기관(b sensillum)의 여러 마디는 일부 속을 구별하는데 유용하다. 순설(ligula)은 tanypod 두부의 대표적인 특징이다. 많은 깔따구들을 구별하는데 유용한 하순기절(mentum)은 tanypod들의 경우에 잘 발달되어 있지 않지만 계통학적으로는 원시적인 분류군에 속하는 특징인 큰 이빨(large teeth)들이 존재한다. 하순기절의 M 부속지(M appendage)에는 키틴(chitin)화된 조각인 의렬상부(pseudoradula)가 있다.

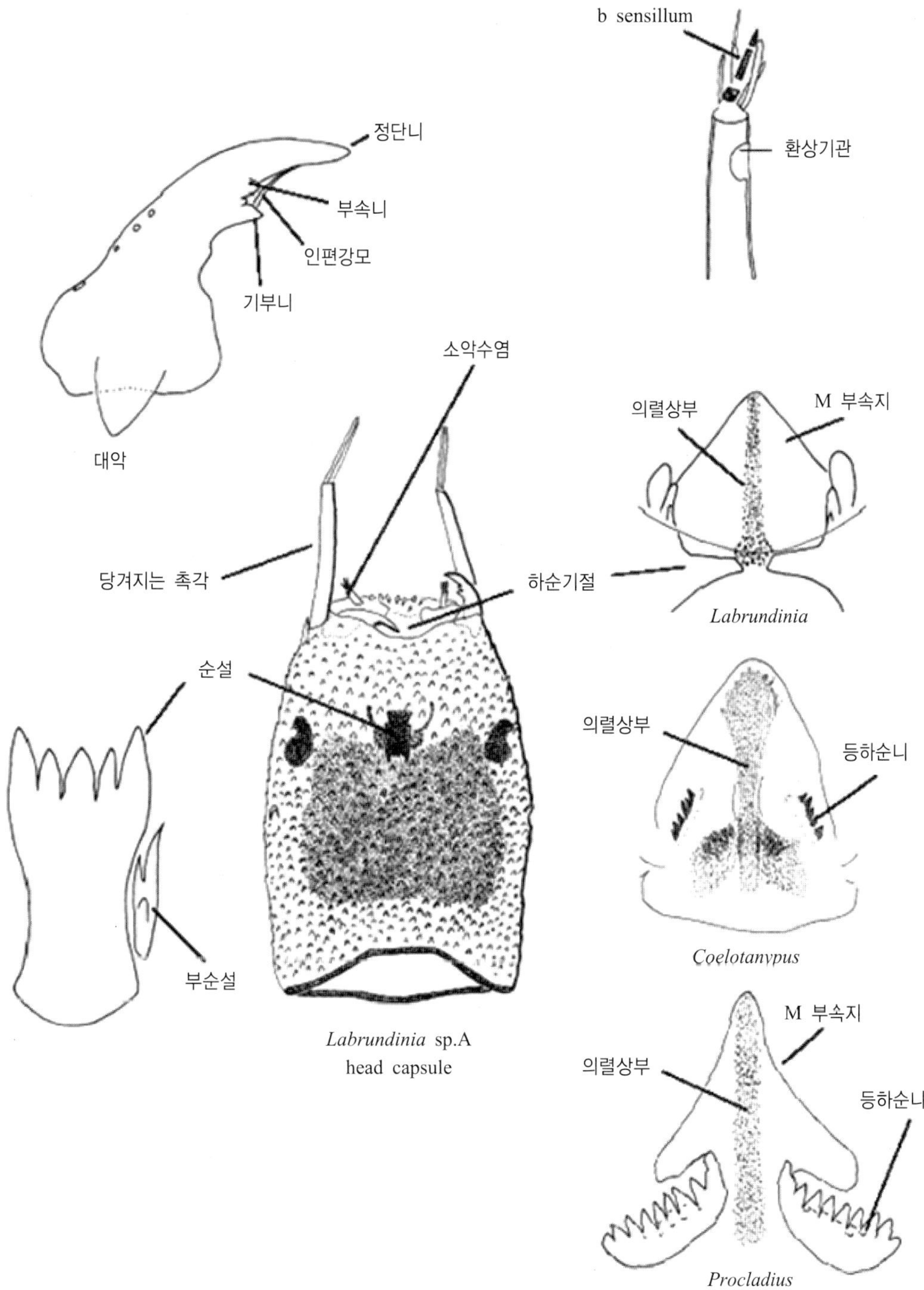

그림 5. Tanypodine의 두부 구조

제2절 깔따구과의 동정

분류학적으로 대부분의 깔따구 종은 수컷 성충의 형태적 특성을 이용하므로 수서곤충 연구자들에 의해 깔따구의 성충 사육이 이루어졌다. 다른 과의 수서곤충과 비교하여 깔따구과의 유충은 동정을 위한 형태학적인 특징들을 일부 가지고 있다. 분류군들의 특징들이 밀접하게 연관이 되어있는 경우 많은 문제들이 발생하기도 하며, 일부 특징들은 매우 미세하고 투명하여 위상차 현미경이나 광학현미경을 이용하여 관찰하여야 한다.

깔따구의 형태적인 일부 특징들이 유사하기 때문에 유충 동정을 위한 구조 그림과 직접 관찰한 구조를 연결시키는 것이 어려운 경우도 있다. 북미 표본들의 경우 잘못된 동정사례들이 많이 보고되어 왔는데, 구조 삽화가 그려진 Wiederholm(1983)의 그림들과 표본의 외관상 기준들을 연결시키면서 종명은 구북구(Palaearctic)의 기준을 따라하고 있다. 그림과 연결시켜 분류하는 방법은 새(bird)를 동정하는 연구에서는 가능하나 깔따구 및 다른 일반적인 분류군의 경우에서는 어려움이 있다. 생물종은 일반적으로 분류키를 통해 동정되지만, 분류키를 사용했다고 해서 올바르게 동정되었다는 것을 의미하지는 않는다. 어떤 표본이 분류키를 사용하여 동정되었다고 하더라도 결과를 재확인할 필요가 있다. 분류군의 동정이나 설명을 확신할 수 있는 전문가에 의해 검증된 표본을 입수할 수 있다면 대조하여 점검해야 하며, 자세한 내용의 분포와 분류군의 독특한 구조에 대한 그림을 찾아야 한다. 많은 동정들의 주요한 실패 원인은 동정이나 설명 그리고 충분한 그림이 부족한데 있다. 모든 깔따구 유충들을 종 수준에서 동정할 수 있도록 하는 단일 저서는 없다. Wiederholm (1983, 1986, 1989)가 전체적으로 정리하여 낸 것이 가장 방대한 자료를 싣고 있다.

북미의 경우, Florida larval Chironomidae(Epler 1995)는 많은 연구자들의 자료를 수록하여 방대한 자료들이 축적되었다. 유충의 종 수준 동정은 성충단계와 연관성이 있기 때문에 플로리다와 같은 지역에서는 정확성이 높아진다. 캐롤라이나의 지침서는 많은 다양한 유형의 표본들에 대해 속 수준까지 다루었다. 북미 깔따구과 유충의 동정을 위해서는 더 많은 지역적 연구와 전 생애 단계별 연구가 필요하며, 더 많은 유충과 번데기의 지역적 지침서가 참고 되어야 한다. 때로는 특정 지역의 지침서들이 다른 지역에서 사용될 수 있지만, 대부분의 경우 주의해야 한다. 지역적인 지침서들은 다른 지역에 있을 수 있는 분류군들을 포함하지 않는다. 일반적으로 깔따구 생물군들은 성충의 수집과 유충에서 성충으로의 사육에 의해 어떠한 지역이던지 간에 명료하게 설명할 수 있고, 유충을 동정할 수 있다. 미국의 남동부는 신북구(Nearctic)로 잘 알려져 있으나 아직까지 수십 종이 미기술되어 있어 문자 또는 번호를 지정하여(sp. A, sp 1, etc) 종의 동정과 관련된 유년기부터 성년기 단계를 설명하거나 새로운 종들의 완전변태에 대하여 기술할 필요성이 있다.

깔따구과에 대한 자료를 수집하기 쉬운 방법은 Epler 지침서(1995)가 인터넷을 통하여 매뉴얼로 업데이트 하면서 제공하고 있는 http://home.comcast.net/~johnepler3/index.html, The Chironomid Home Page http://insects.ummz.lsa.umich.edu/~ethanbr/chiro/index.html), NABS, 미네소타 대학의 깔따구 연구그룹(http://midge.cfans.umn.edu/index.htm)를 통하여 전세계 국가의 지침서를 광범위하게 구할 수 있다. 그리고 깔따구과와 깔따구 연구자들에 대한 일반적인 정보, 깔따구 연구자들의 세계적인 주소록과 깔따구과와 관련된 광범위한 저서 목록을 이용할 수 있다.

일정 수준 이상의 분류학적 지식과 경험 그리고 최근의 분류학 지식을 통하여 표본들을 동정해야 한다. 일부 깔따구 분류군들은 분류정보의 부족으로 동정이 이루어졌으나 여러 차례에 걸쳐 종을 확인하거나 재확인해야 하는 복잡한 일이 되기도 한다. 4령기는 유충의 마지막 단계로 유충 탈피각, 번데기 탈피각, 성충으로 연결되며, 형태학적으로 완성되는 시기이다. 어떤 유충들은 하나의 단계에서 다음 단계로 변화하는 특징들을 가지는데 이런 경우 체장과 체색은 분류키가 될 수 없다. 많은 연구들과 종의 목록들을 기반으로 한 유충의 동정이 이루어져야 하며 표본의 대조 없이는 연관성을 찾는 것이 어려운 부분도 있다.

만약 종이나 속 수준의 동정이 확실하지 않다면 가장 근접하게 연관성이 있는 것을 'cf' (라틴어의 약어로 '~와 비교하여(compare to)'라는 의미)로 표기할 수 있다. 속이라면 'cf.

Meropelopia', 종이라면 'Goeldichironomus cf.'라고 표기하면 된다. 물음표도 사용할 수 있으나 혼동을 피하는 가장 좋은 방법은 물음표를 사용하지 않는 것이므로 많은 연구자들이 사용하는 것을 꺼려한다. 또한 'nr' 표기의 예를 들면 'Polypedilum nr. illinoense'의 의미는 동정하는 표본이 Polypedium과 연관성이 있음을 의미하는 것이다. 이것은 계통학적으로 동정하는 표본과 다른 종들이 연관관계가 있다는 것을 의미한다.

1. 깔따구 채집, 배양 그리고 보존

깔따구 유충은 저서성무척추동물 채집 장비로 쉽게 채집할 수 있다. 유충은 70-80% 에탄올에 보관하는 것이 가장 좋다. 포르말린에 고정한 유충은 시간이 지날수록 깨끗하게 유지하기 어렵다.

많은 연구자들은 동정하기 위해 Rose Bengal 염색약을 이용하지만 두부(head capsule)를 과도하게 염색시켜 빛이 투과하기 어렵게 만들기도 하며, 깔따구의 불분명한 미세구조들의 관찰을 방해하여 표본들을 동정하는데 어려움을 주기도 한다. CMCP-9AF나 CMC10과 같은 슬라이드 제작 용액은 슬라이드로 제작하여 동정하기는 좋으나 염색된 표본의 슬라이드 제작에 사용할 수 없다는 단점이 있다.

유충의 동정에 있어 번데기나 성충이 필요한 경우는 배양하는 것이 큰 도움이 된다. 흉부 돌기(thoracic horn) 또는 다양한 강모 구조(setal structures)와 같은 번데기 구조물들을 발달시키고 있는 4령기 후반의 유충을 확보하여 관찰하는 것이 필요할 때도 있다. 배양은 특히 *Orthocladius*로부터 *Thienemannimyia* 또는 *Cricotopus* 속의 유충을 식별하는데 유용하다. 유충의 탈피각이 붙어있는 번데기를 채집할 수 있으며 어떤 경우 유충의 탈피각이 그대로 붙어 있는 채 성충의 생식기를 발달시키고 있는 번데기들을 발견할 수도 있다. 대부분의 경우는 유충의 종명을 파악하기 위한 목적으로 살아있는 유충 개체를 채집하여 성충이 될 때 까지 배양하게 된다.

분리된 유충들을 남은 변태 단계까지 배양하는 과정은 유충 시기와 번데기, 성충 시기를 연관시키기 위함이다. 대부분의 깔따구 유충을 배양하는 것은 간단하다. 야외에서 살아있는 유충들을 네트나 다른 샘플링 장비를 사용하여 추출한 후 흰색(또는 밝은 색의) 접시에 부어 유충들을 유기쇄설물로부터 분리한다. 점안기를 사용하여 유충들을 추출하여 옮긴다. 포셉으로 살아있는 유충들을 집어 올리면 쉽게 손상된다. 채집지의 물을 소량 넣은 10 또는 15㎖의 유리병에 각각의 유충을 분리해서 넣고 투과성 마개로 막는다. 솜을 사용하면 성충의 다리와 촉각이 떨어질 수 있다. 유리병들을 racks이나 floats에 두고 저온을 유지해야 한다.

야외 조사 시간이 제한되어 있다면, 채집 장비와 살아있는 곤충들이 담긴 용기를 실험실로 운반한 후 유충들을 분리한다. 실험실 온도는 15~20℃의 범위로 유지하여 분리 작업을 하는 것이 좋다. 정수성 분류군은 유수성 분류군에 비해 배양하기가 더 쉬운 경향이 있다. 미국 남동부의 psammophilic 분류군(sand dweller)은 배양하기 어려워 매일 확인해야 한다. 4령기 유충들을 채집했다면 곧 번데기가 되고 성충으로 우화할 것이다. 성충이 경화될 때까지 몇 시간 또는 하루 정도 둔 후 알코올 분무기를 이용해 성충에게 분사한다. 성충과 함께 번데기 탈피각과 유충의 탈피각까지 얻을 수 있다. 70~80% 에탄올로 처리하는 것이 적절하다. 유충이 번데기로 변태 중 죽거나, 번데기가 성충으로 우화하기 전에 죽은 배양 샘플 또한 매우 가치 있다. 배양된 유충들을 동정을 위해 성충 표본을 전문가들에게 보내기도 한다.

2. 깔따구 유충 동정을 위한 슬라이드 제작

Microscope(현미경) : 유충 분류와 현미경 슬라이드 제작을 위해서 해부용 현미경이 필요하다. 동정을 위해서 위상차 광학현미경과 다양한 대물렌즈를 가진 광학현미경이 사용된다. 저배율의 렌즈는 슬라이드 표본의 위치를 쉽게 파악하기 위하여 갖추어야 한다. 보통 40×의 배율에서 관찰하고 100×의 배율에서는 oil immersion이 필요하다. 10×와 20×의 배율은 갖추지 않아도 무리가 없다. 위상차 광학현미경과 고배율의 렌즈는 S I, 상순의 박판(labral lamellae) 그리고 소악수염(mixillary palpus)의 정단 감각수용기(apical sensilla)등과 같은 미세하고 투명한 구조의 관찰을 위해서 필요하다. 정확한 길이 측정과 측정비율의 분석을 위해서 측정 십자선(reticle)이 필요하다. 십자선(Reticle)과 측미계(stage micometer)를 여러 배율에서 조정하여 사용하여야 한다.

현미경 슬라이드, 커버 슬라이드 그리고 슬라이드 박스 : 어떤 사이즈라도 편리한 것을 사용하는 것이 좋으며 유리로 된 커버 슬라이드를 사용하고 플라스틱으로 된 커버 슬라이드를 사용하지 않는 것이 좋다. 커버슬라이드를 누르고 나서 위치를 재조정하거나 유충을 편평하게 하려고 할 때 플라스틱 커버슬라이드는 쉽게 흠집이 생겨 관찰하는 것을 불가능하게 한다. 12-22 mm의 끝이 둥근 또는 네모난 커버슬라이드는 대부분의 유충들을 연구하는데 적합하다. 둥근 커버슬라이드가 정사각형이나 직사각형 커버슬라이드 보다 표본의 공기층을 덜 형성한다. 6-10 mm의 커버슬라이드는 유충과 성충의 출현으로 인한 번데기 탈피각의 슬라이드 제작에 유용하다. 슬라이드 박스는 대조 및 보관용 슬라이드의 보관을 위하여 필요하다.

슬라이드 제작 용액(Mounting medium) : 크게 2가지의 슬라이드 제작 용액이 있다. 두 가지 타입 모두 장단점을 가지고 있다. 먼저 CMC 용액은 대부분의 저서생물학자들이 선택하며 몇 백에서 몇 천의 슬라이드를 대량으로 제작할 때 사용한다.

1) CMC-10 용액이 널리 사용되며 Hoyer's(또는 Berlese's)도 때때로 사용한다. 이 슬라이드 제작 용액은 물이나 알코올로부터 깔따구 유충을 바로 슬라이드 제작에 이용할 수 있다. 어느 정도 오래 보관할 수 있으며, 반영구적인(semi-permanent) 슬라이드도 제작할 수 있다.

*** CMC** : CMC 용액은 중요도가 낮은 표본의 제작이나 슬라이드 제작 시간의 단축에 매우 용이하다. 여러 종류의 CMC 용액이 있으나, CMC 10(더 작은 범위의 CMC 9)은 무척추

동물의 슬라이드 제작에 널리 사용된다. CMC는 물을 토대로 한 용액으로 시료를 물이나 알코올로부터 바로 슬라이드 제작이 가능하고, clearing action(clearing은 근육 조직을 연화(maceration)시키거나 소화(digestion)시켜 몸체에 빛을 투과시키는 것을 가능하게 하는 것을 의미)을 가능하게 한다. 광학 현미경은 대상을 관찰하기 위하여 빛이 필요하다. 만약 근육조직에 빛 광선이 투과하지 못하면 동정을 위해 필요한 구조들을 관찰하기 어렵다. CMC 용액은 두껍고 색이 짙은 두부(몇몇 diamesines, orthoclads 그리고 chironomines)을 가진 유충들과 Rose Bengal로 진하게 염색된 표본들(이러한 경우에는 KOH 용액으로 씻어내야 한다)에는 적합하지 않다.

장점) 빠른 슬라이드 제작. Clearing action. 많은 수의 유충을 단시간에 슬라이드 제작 가능. 물이나 알코올을 이용하여 얇게 만들 수 있음. 물을 토대로 되어있어 오래된 커버슬라이드를 제거하고 remount(다시 슬라이드로 제작)하기 용이.

단점) 기포가 생길 수 있음. 용액이 결정화될 수 있음. KOH로 연화시키지 않으면 명확하게 동정하기 어려움. 몇몇 유충들은 커버슬라이드를 덮은 후 거품을 일으키며 가스를 생성함. 용액이 일시적이거나 반영구적임.

* **Hoyer's** : 국가에서 통제하는 물질인 chloral hydrate가 포함되어 있기 때문에 이 용액은 더 이상 구입할 수 없다. 국가의 허가를 받으면 구입할 수 있다. Hoyer's를 준비하기 위한 성분은 다음과 같다.

30 g gum arabic (ground crystal or powder), 200 g chloral hydrate

20 cc glycerin, 50cc water

혼합(열을 가하면 안됨) 후에 혼합액을 사용하거나 보관하기 전에 유리솜으로 된 필터에 여과한다.

장점) CMC와 유사함.

단점) CMC와 유사함. 상업적으로 판매하지 않음.

2) Canada balsam이나 Euparal이 사용되기도 한다. 일반적으로 이 슬라이드 용액은 박물관에서 보관하는 좋은 질의 슬라이드와 같이 영구적인 보관에 사용된다. 이 제작 용액은 불순물이 없거나 탈수된 재료의 슬라이드 제작에 사용된다.

Canada balsam과 Euparal : xylen, cellosolve(ethylene glycol monoethyl ether)가 필요하고 슬라이드 제작을 위해서 세척과정과 탈수과정이 필요하다.

장점) 영구적인 최상의 슬라이드를 제작할 수 있음.

단점) 표본을 세척하고 탈수하는 과정이 반드시 필요함. 건조하는데 시간이 오래 걸림.

표본 제작용액의 보관 : 일반적으로 판매용 용액들은 공기나 빛에 의해 영향을 받으므로 보관함에 담아서 배송되고 보관되어야 한다. 특히 Wheaton balsam bottle에 담아서 보관하면 슬라이드 제작하기에 용이하다. 보관함에는 보통 유리나 목재로 된 막대들이 있으며, 증발하거나 건조되는 것을 방지하는데 도움이 된다. 뚜껑의 바닥에 바셀린을 발라두는 것도 좋다. CMC, canada balsam, Euparal 용액은 Wheaton bottle에 보관할 수 있으며 CMC 용액은 작은 플라스틱 squeeze bottle을 사용해도 좋다.

슬라이드 준비

슬라이드를 만들 경우나 새로운 방법을 익히고자 한다면 아래의 내용을 숙지하여야 한다.

1) 항상 깨끗한 슬라이드와 커버글라스로 시작해야 한다. 슬라이드와 특히 커버글라스는 항상 사용 전에 깨끗한 휴지로 신속히 닦아 내는 것이 좋다.

2) 슬라이드에 라벨을 한다. 정확하게 기록된 라벨이 없는 슬라이드는 쓸모가 없다. 코드 또는 표본 추출 수를 기록하는 것은 슬라이드가 실험실에 보관되어 있을 때는 무방하나 동정 또는 확인을 위해 전문가에게 보내기 전 그리고 당신의 참고 표본에 보관하기 전 슬라이드에 정보를 정확하게 라벨 했는지 확인해야 할 필요성이 있다. 시간이 한참 지난 후 코드기 무엇을 의미하는지 기억할 수 있는 좋은 방법이 될 것이다.

슬라이드에 라벨을 하는 여러 가지 방법이 있다. 무광택으로 처리된 슬라이드에 라벨을 떼서 붙이기도 한다. 거칠게 가공된 슬라이드는 기록하기 힘들기 때문에 사용하지 않는 것이 바람직하다. 또한 투명한 테이프(보통 스카치)로 좋은 라벨을 만들 수 있다. 테이프를 사용하는 방법은 많은 수의 슬라이드를 만들 때 꽤 유용하다. 여러 개의 슬라이드를 한 줄로 늘어세우고 길이에 맞춰 테이프를 한꺼번에 붙인 후 칼이나 면도칼로 라벨된 슬라이드를 분리한다. 펜이나 연필로 테이프 위에 쓸 수 있으며 유성펜을 사용해야 한다.

광학 현미경은 상을 거꾸로 맺히게 한다는 것을 기억해서 표본을 관찰하면서 슬라이드의 라벨을 읽으려면 슬라이드를 뒤집어라. 이 방법은 슬라이드가 현미경 제물대에 있을 때 슬라이드의 라벨을 읽을 수 있으며 두부도 관찰할 수 있다.

CMC method

CMC로 표본을 제작할 때 대부분의 표본들은 준비단계가 필요 없다. 유충들은 알코올이나 물로부터 바로 제작할 수 있다. 슬라이드에 2~5 방울의 CMC 용액을 떨어뜨린다. 양은 제작하고자 하는 표본의 수와 크기 등에 따라 달라진다. CMC 용액을 초과하여 사용하면 커버글라스 가장자리 근처에 "공기 방울"의 형성 가능성을 감소시킬 수 있다. 그러나 만약 하나의 커버글라스 아래 여러 개의(7개체 또는 그 이상) 유충들을 마운팅 할 때 CMC의 양이 너무 많을 경우 커버글라스에서 용액과 함께 몇몇 유충들이 커버글라스를 벗어나서 나올 수도 있다. 이런 일이 발생한다면, 커버글라스를 집어 올려 다시 시도하거나 때로는 커버글라스 밑으로 유충을 다시 밀어 넣을 수 있다.

표본을 고정액에 놓고 유충의 배면이 위로 향하도록 하고 두부도 위쪽을 향하게 한다. 고정액에 유충을 잠시 놓아두면 다소 부드럽게 되어 조작하기가 쉬워진다. 큰 공기방울들은 제거하는 것이 좋다. 알코올 또는 물에 적셔져 있는 상태에서 표본을 제작할 때, 유충에 너무 많은 양의 액체가 묻어 있었을 경우, 고정액이 많이 퍼질 수 있다. 유충을 종이 타월 또는 흡수제 표면에 부드럽게 접촉시켜 액체를 제거하는 것이 좋다. 한 슬라이드 당 표본과 커버글라스의 수는 편리한 대로 선택하면 된다. 특별한 유충은 개개의 슬라이드에 만드는 것이 좋지만, 편의를 위해서 한 슬라이드에 여러 개의 유충들을 마운팅 할 수 있다. 하나의 큰 커버글라스(22mm) 아래 10개 또는 그 이상의 유충들을 마운팅 할 수 있고 두개의 큰 커버글라스를 하나의 슬라이드에 덮을 수도 있다.

연구자에 따라서 두부를 제거하여 별개의 커버글라스에 마운팅 하기도 한다. 동정이 힘든 유충 두부의 위치를 똑바로 하기 위해서 목을 절단하는 것이 필요하다. 몸통을 같은 슬라이드에 마운팅하는 것을 잊지 않도록 해야 한다. 두부와 분리된 몸통을 하나의 커버글라스로 마운팅 할 수도 있다.

포셉을 이용하여 깨끗한 커버글라스를 집어 고정액에 비스듬하게 살며시 내려놓는다. 커버글라스를 고정액에 수평으로 놓지 않도록 한다. 수평으로 놓으면 공기 방울이 생성된다. 만약 고정액이 다소 빽빽하거나 덜 갖춰진 상태라면 커버글라스를 알코올에 담근 후 닦아 내고 다시 알코올에 담그고 소량의 알코올을 고정액에 떨어뜨린다. 소량의 알코올은 커버글라스가 고정액에 더 부드럽게 접촉할 수 있게 한다. 고정액이 커버글라스 아래에 채워지면, 유충을 커버글라스 아래에서 정돈시키는 것을 완료할 수 있다. 커버글라스의 한쪽 면을 밀면서 유충을 원하는 위치로 굴릴 수 있다. 그 다음, 무딘 포셉이나 지우개가 달린 연필 등으로 부드럽게 두부 위의 커버글라스를 눌러 구강 부분이 펴지도록 하고 항문 끝 부분에서 후측 측지(parapods)의 발톱이 펴지도록 한다(특히 tanypod의 유충에서 중요하다). 대악을 펴서 inner teeth가 보이도록 펴주는 것이 중요하다.

평평한 바닥에 슬라이드를 놓고 실온에서 2~3시간 동안 건조시킨다. 건조되면 고정액이 줄어들고 커버글라스 가장자리에 공기 방울이 생성된다. 만약 공기 방울이 존재할 경우, CMC 용액을 공기 방울 근처에 소량 떨어뜨리면 모세관 작용으로 보통 용액이 커버글라스 아래로 빨려 들어가면서 공기 방울이 사라지게 된다. 다시 1~2시간 더 건조시킨다. 시료를 좋은 상태로 보존하고 영구적인 슬라이드 제작을 위해서, 투명한 손톱 매니큐어 또는 CMC를 사용해 커버글라스를 에워싸서 공기 방울이 생성되지 않도록 봉인한다. 여러 개의 슬라이드를 만들어야 할 경우, 표본들을 봉인하기 전에 검사하여 중요도가 높은 표본만을 분리하여 슬라이드를 봉인하도록 한다. 이를 끝낸 후 슬라이드를 55℃가 넘지 않도록 건조 오븐에 하루나 이틀 정도 두면 자세히 관찰할 준비가 된 것이다. 슬라이드를 더 빨리 관찰할 수도 있으나, 고정액이 건조되기 전에 슬라이드에 oil immersion 렌즈를 사용하지 않도록 한다. 이것은 커버글라스가 들리거나 옆으로 이동하여 표본들이 손상될 수 있으며 대물렌즈에 고정액이 묻는 것을 방지하기 위해서이다.

"표본의 상태가 좋지 않은" 슬라이드는 물에 적셔서 커버글라스를 떼어 내고 쉽게 다시 마운팅 할 수 있다. 오래된 슬라이드는 며칠 동안 물에 적셔야 한다. 만약 커버글라스가 이미 손톱 매니큐어로 봉인되었다면, ethyl acetate로 제거할 수 있다. 만약 CMC 슬라이드를 3~4주 내 또는 더 오랜 기간 후에 관찰하더라도 무딘 포셉으로 눌러 커버글라스 밑에서 유충들의 방향을 바꾸는 것이 보통 가능하다. 표본을 움직이거나 납작하게 만들 수 있을 때 커버글라스를 너무 세게 누르지 않도록 주의하면 된다.

TIP: 하나의 커버글라스 아래 많은 수의 유충들을 마운팅 할 때, 모두 한쪽으로 같은 방향을 향하도록 두는 것이 좋으며 커버글라스를 덮고 등쪽을 굴리면 된다. 또한 커버글라스를 덮기 전에 고정액에 유충들을 잠시 두었다가 마지막에 커버글라스를 덮으면 유충들의 위치가 흐트러지지 않는다.

CMC를 이용한 슬라이드 제작

깨끗한 슬라이드를 준비하여 슬라이드에 라벨을 한다. 슬라이드가 증거 또는 참고 표본일 경우, 동정이나 검증을 위해 전문가에게 보내야하는 경우에는 라벨 정보를 정확하게 기재해야 한다.

그런 후 슬라이드를 뒤집는다. 광학현미경은 상을 반전시킨다는 것을 기억해라. 이 방법은 슬라이드가 재물대에 있을 때 슬라이드의 라벨을 읽을 수 있으며, 두부가 바르게 향하게 된다. 마운팅할 표본의 수와 개체의 크기에 따라 슬라이드에 CMC용액을 2~5방울 떨어뜨린다. 고정액에 표본을 올려 두고, 유충의 두부와 배면이 위로 향하도록 한다. 거품은 모두 제거하지 않아도 되며 큰 거품들만 제거한다. 대부분은 저절로 없어질 것이다. 깨끗한 커버글라스를 꺼내 고정액 위로 비스듬하게 기울여 부드럽게 덮는다. 커버글라스를 고정액에 수평으로 덮으면 공기 방울이 갇혀서 큰 공기방울이 생긴다.

고정액이 커버글라스 아래에 가득 차면 커버글라스를 이용하여 유충을 정리하면 끝난다. 커버글라스의 한쪽 면을 밀어서 유충을 원하는 방향으로 굴릴 수 있다. 그런 다음, 포셉이나 지우개가 달린 연필 등을 이용해 두부 위쪽의 커버글라스를 살며시 눌러 구강부분(mouthparts)을 펴고, 항문 말단(anal end)도 부드럽게 눌러서 뒤쪽 측지(parapods)의 발톱(claws)이 펴지게 한다.

완성된 슬라이드를 평평한 바닥에 놓고 실온에서 2~3시간 동안 둔다. 공기 방울을 확인하여, CMC 용액을 더 채운 후 1~2시간 동안 건조시킨다. 투명한 매니큐어나 CMC를 사용해 커버글라스를 봉한다. 건조기(55℃ 이하)에 하루나 이틀 정도 건조시키면 관찰할 준비가 완료된다.

슬라이드 표본제작

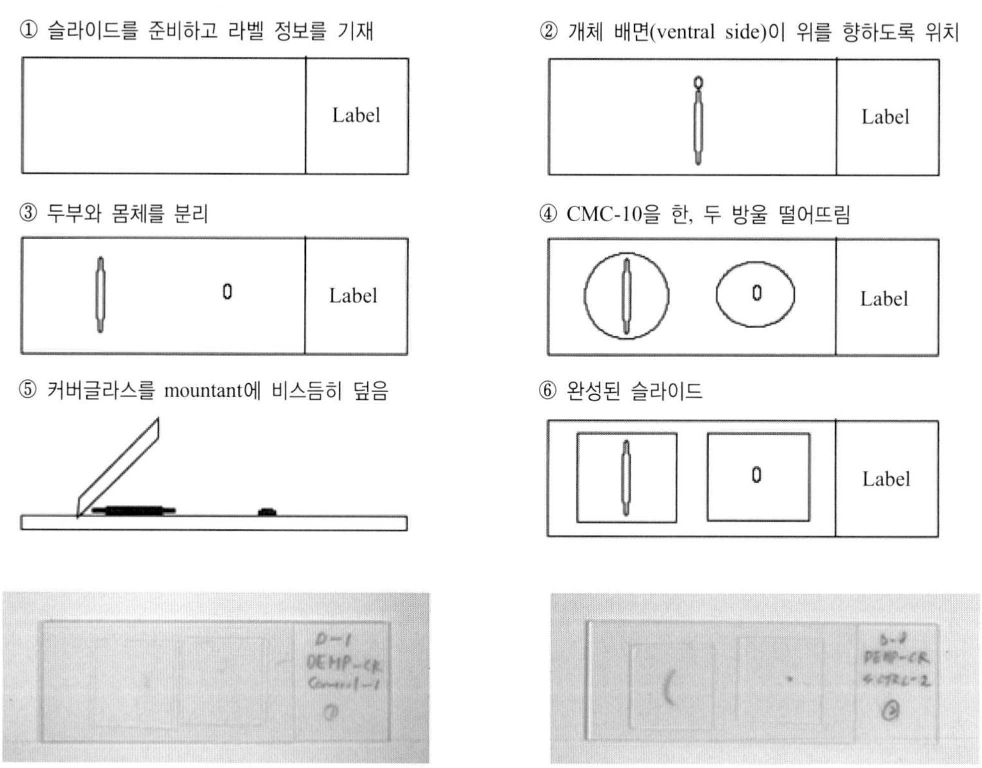

그림 6. CMC를 이용한 슬라이드 제작과정

Canada Balsam/Euparal Method

중요하거나 보존이 필요한 중요한 개체는 품질이 좋고 영구적인 배지에 고정해야 한다. 가장 흔히 사용되는 두 개의 배지로 Canada balsam과 Euparal이 있다. 비록 이 두 배지 모두 약간의 clearing action을 하지만, 일반적으로 많은 형질들을 관찰하기에는 부적합하다. 작은 유충 표본은 너무 투명해지거나 사라져버린다. 그래서 마운팅 하기 전에 표본을 슬라이드를 제작하는 과정에 몇 단계를 더 추가할 수 있다. 다양한 용액의 수조에 담근 후 유충들을 clearing 하는 것이다. 각각의 용액을 작은 용기들에 담아 두고 용액의 증발을 막기 위해 뚜껑을 덮어둔다. 마운팅 전에 표본을 처리하는 몇 가지 좋은 방법이 있는데, 유충 또는 번데기 탈피각을 마운팅 하고자 한다면 balsam이나 Euparal로 마운팅 하기 전에 95% propanol에 담군 후에 하면 좋다.

1) 유충을 10% 수산화칼륨(KOH) 용액에 담군다. KOH는 안쪽의 근육 조직을 제거하여 몸체를 포함한 유충 외골격의 경화된 부분들을 남게 한다. 유충은 실온에 밤새 용액에 두어도 되며 다음날 아침이면 다음 단계인 탈수를 시작해도 될 만큼 충분히 깨끗해진다. 속도를 높이려면 유충이 담긴 KOH 용액을 끓는점 이하로 서서히 가열하면 된다. 유충들과 KOH를 시험관에 넣은 후 이것을 비커와 함께 항온 수조의 끓는 물에 넣어도 된다. 또는 KOH 용액을 작은 세라믹 냄비에 넣고 교반기를 사용하여 직접 데울 수도 있다. 물론 표본들이 과도하게 clear 되지 않도록 매우 조심해야 한다.

2) 가열하거나 실온의 KOH를 사용하여 clearing된 표본은 증류수로 헹군다. 몇몇 clearing action은 물속에서도 계속될 수 있는데 이 단계에서 유충들이 과하게 clear될 경우 눈에 보이지 않을 수 있다. 만약 표본들이 쉽게 보이지 않을 경우 아래에서부터 빛을 비춰 보거나 용기를 기울여 표본을 살짝 움직여 본다. 작은 스포이드를 사용하여 표본들을 옮기거나 침(needle) 끝에 표본을 걸치거나 또는 포셉의 끝 사이로 표본을 부드럽게 들어 올려 옮긴다. 표본의 수와 크기에 따라 표본을 물 수조에 약 3분에서 10분 동안 둔다.

3) 증류수에서 꺼낸 다음, 표본들을 빙초산에 3~10분 동안 뚜껑을 덮어 담가둔다.

4) 마지막으로 Euparal 또는 Canada balsam을 사용할 경우 95% propanol 수조에 3~10분간 증발 또는 수증기의 흡수를 막기 위해 뚜껑을 덮고 담가 둔다.

CMC 방법과 같이 고정액 몇 방울을 슬라이드에 떨어뜨리고 미세한 포셉이나 침(needle)을 사용하여 유충을 고정액으로 옮긴다. 유충에 묻은 용액은 고정액을 약간 묽게 한다. 유충을 정돈한 후 커버글라스를 덮는다. 두부가 깨끗해졌기 때문에, 대악(mandible) 등을 펴기 위해 너무 많은 압력을 가하지 않아도 된다. 커버글라스의 무게로도 충분하다. Canada balsam 또는 Euparal로 슬라이드를 에워싸지 않아도 된다. 일단 슬라이드가 만들어지면 balsam이나 Euparal로 만든 슬라이드는 CMC로 만든 것보다 더 오랜 시간 동안 건조기에 두어야 한다. Euparal 슬라이드를 oil immersion lens로 관찰하려면 2주에서 3주가 걸린다.

고정액이 너무 빨리 굳어버릴 경우, 묽게 해야 한다. Canada balsam을 사용한 경우, xylene을 소량 투입하면 묽어진다. 95% propanol도 묽게 하지만, xylene이 더 빠르게 작용한다. Euparal은 95% propanol로 처리하면 묽어진다. Euparal essence는 너무 뻑뻑해진 Euparal을 묽히기 위해 사용하거나 보관 용기나 제조 과정 중 건조되었을 때 사용한다. 슬라이드를 다시 만들거나 커버글라스를 교체해야 한다면 balsam 슬라이드는 xylene을 사용하고, Euparal 고정액에는 Euparal essence 또는 95% propanol을 사용하면 된다.

Cellosolve(ethylene glycol monoethyl ether)는 Canada balsam을 묽게 하는 데 사용된다(보통 balsam의 희석제로 사용되는 xylene은 모두 증발된다). 과도한 clearing을 필요로 하지 않는 물질이라면(약간 경화된 몸체 부분 등) cellosolve 수조에 둔 후 바로 balsam에 담가두면 된다. 그러나, cellosolve는 수증기에 쉽게 오염되는 것으로 알려져 있다. 오염되면 얼룩진 고정배지를 만들 수 있으며 많은 경우 슬라이드를 만든 후 몇 주가 지나기까지 모른다. 여러 지점의 많은 수의 유충들을 처리해야 할 때, CMC와 Canada balsam 방법 모두를 사용할 수 있다.

3. 깔따구 유충의 분류

많은 수의 개체가 채집되었을 때 표본에서 모든 깔따구들을 슬라이드로 제작하는 것은 비현실적이다. 개체를 슬라이드로 제작하기 전에 깔따구를 분류하는 것이 좋다. 만약 여러 개의 표본을 하나의 슬라이드로 제작할 경우 비슷한 분류군을 하나의 커버글라스에 놓아야 한다. 많은 깔따구를 유액의 고정액에 있는 상태에서도 속과 종까지 분류할 수 있으며 각각의 분류된 그룹에서 표본을 제작할 수 있다.

그러나 주의해야 할 점은 유액에 있는 표본제작이 안 된 유충들을 동정하기 전에 상당한 경험을 가지고 있어야 하며, 이미 알고 있는 그룹들도 여전히 같은 분류군인지 확인한 후 표본을 제작해야 한다. 깔따구 유충들은 다수의 특징들을 가지고 있으며 알코올에 고정되었을 때 관찰할 수 있다. 특징들은 다음과 같이 정리하여 보았다.

1) 몸의 일반적인 외형

몸에 강모(털)가 있는가? 강모가 흩어져 있고, 몸의 한쪽 면을 따라서 한 줄로 배열되어 있는가 또는 강모들이 마디의 후측 모퉁이 근처에 술(tufts)을 이루고 있는가? 강모들이 배의 끝에 있는가? 만약 그렇다면, 강모들은 긴가 짧은가? 몸이 구부러져 있거나 또는 머리가 뚜렷하게 구부러졌는가? 후측 측지(posterior parapods)가 있는가? 후측 측지에 거무스름한 색의 발톱(claws)이 있는가? 항문세관(anal tubules)의 상태는 어떠한가?

복세관(ventral tubules) 또는 측세관(lateral tubules)은 배의 말단 근처에 있는가? 복세관이 존재하다면 거기에 얼마나 많은 쌍이 있으며 어떤 형태를 하고 있는가? 항문세관의 형태, 길이와 크기는 어떠한가? 어떤 유충들은 크며(*Chironomus*, *Glyptotendipes*) 어떤 것들은 작다(*Corynoneura*, *Thienemanniella*). 분류군에 따라 크기가 다를 수 있지만 한 종에서 령기가 다르면 크기가 달라진다. 1령기 유충들은 매우 작으며 일반적으로 부유성이다. 망이나 체의 체눈 크기에 의해 채집이 결정되며 보통은 2령기 이상의 유충들이 수집된다.

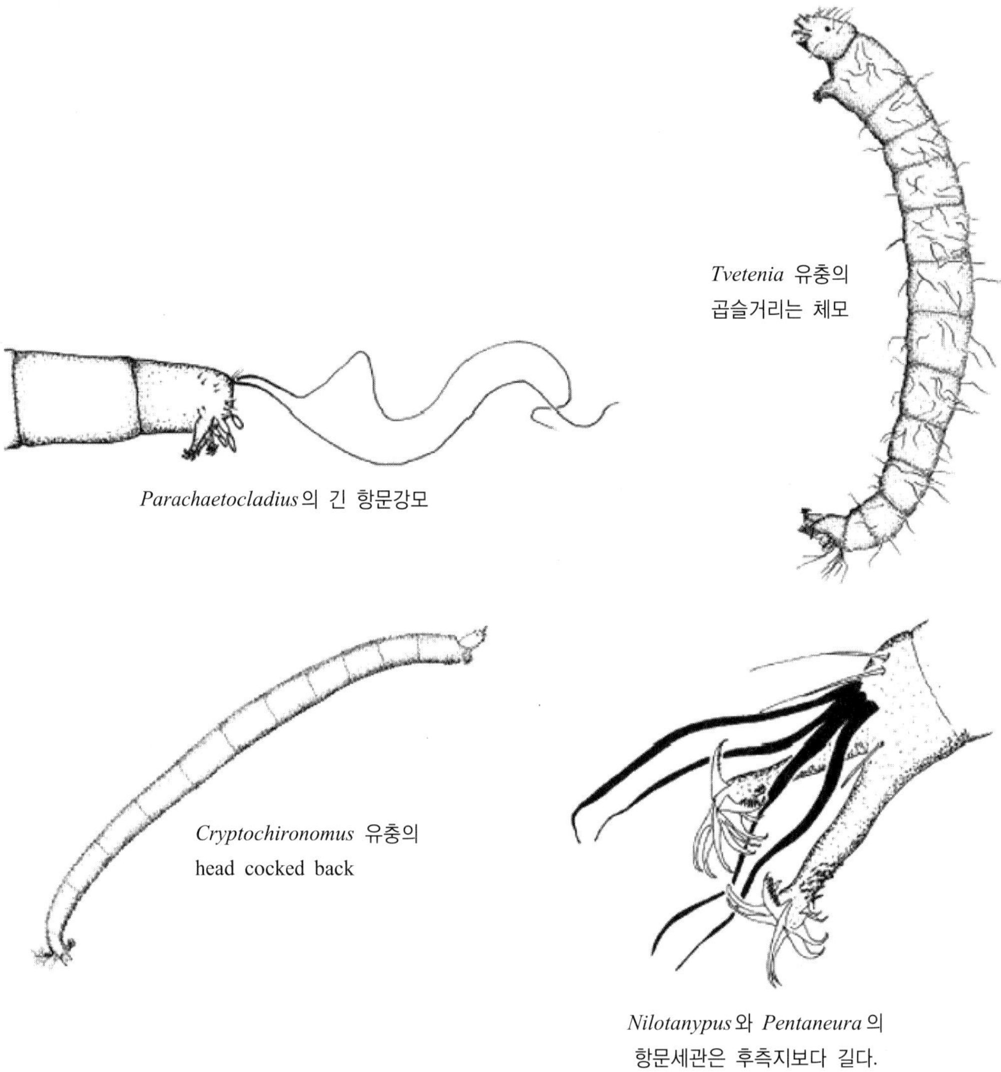

그림 7. 깔따구의 외형적인 특징

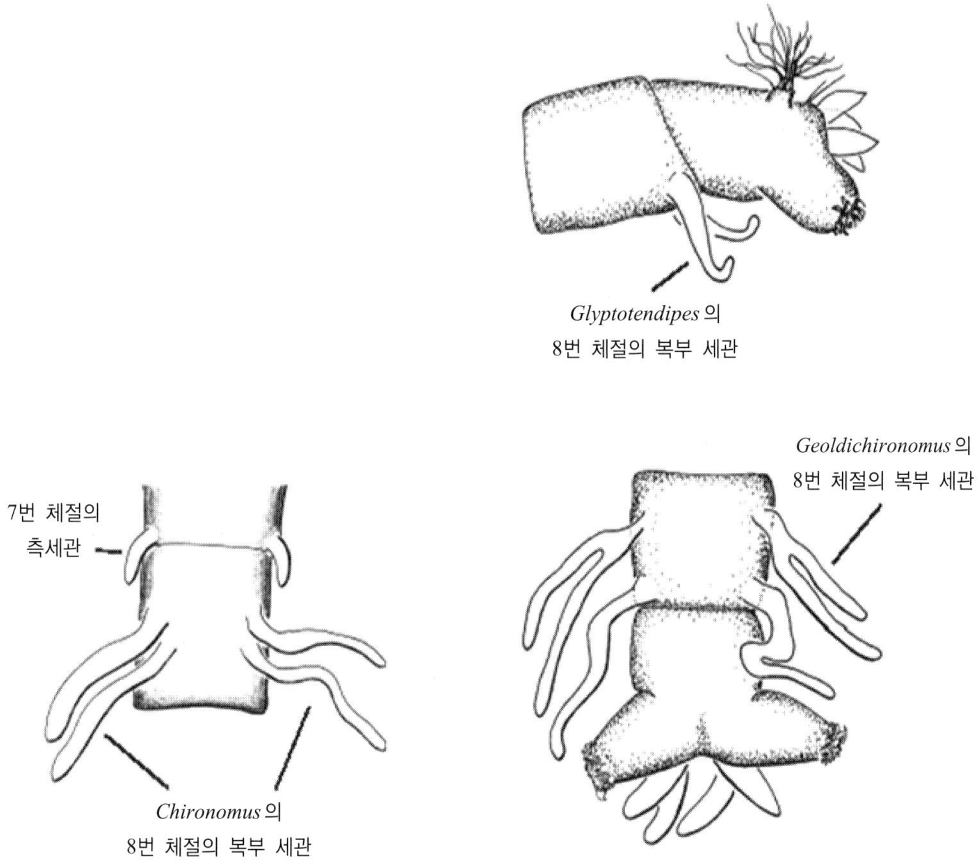

그림 8. 깔따구 배 발단부분의 세관(tubules) 형태

2) 체색

알코올에 고정된 대부분의 표본들은 탈색되어 체색이 사라지므로 살아 있거나 또는 갓 제작한 표본들에서 볼 수 있다. 어떤 유충들은 흰색, 미색, 붉은색, 초록색 또는 갈색 등을 보이며 어떤 유충은 몸에 색깔 띠를 가지고 있다. 북미의 *Cricotopus lebetis*의 유충은 제 2, 3 흉부 마디가 연한 푸른빛을 띤다.

3) 두부의 형태와 구조

유충의 두부는 둥글거나 끝이 뾰족하거나 어떤 것은 납작하다. 혹 또는 돌기가 두부에 있는 유충도 있다. 촉각의 길이도 다양하다. 큰 유충들의 경우 하순기절과 관련 구조들이 쉽게 관찰되며 어떤 분류군의 경우 속까지 바로 분류할 수 있다. 측면 또는 배면의 삼각편 후두부(triangulum occipitale)는 유액에 고정된 상태에서도 *Dicrotendipes*, *Einfeldia*와 *Chironomus*(삼각편 후두부가 작음)로부터 *Kiefferulus*와 *Goeldichrinomus*(삼각편 후두부가 큼)를 분류하는 좋은 형질이다.

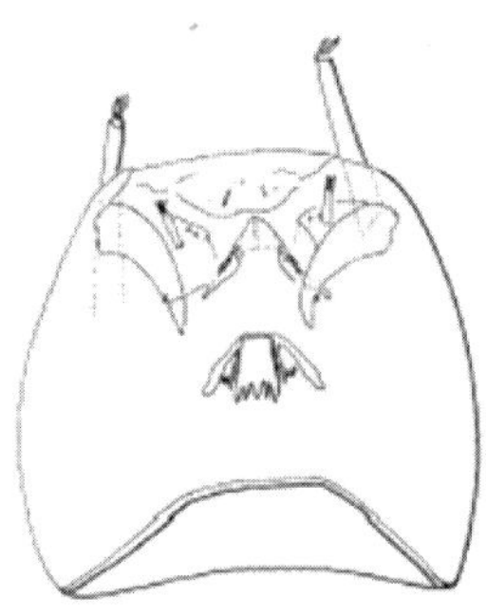

*Brundinella*의
둥근 두부

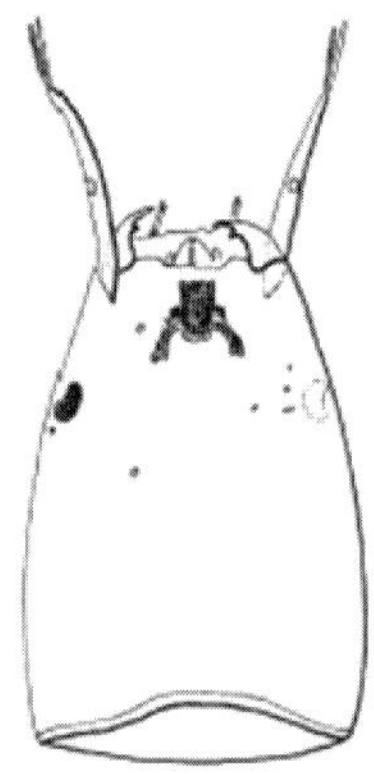

*Denopelopia*의
좁은 두부

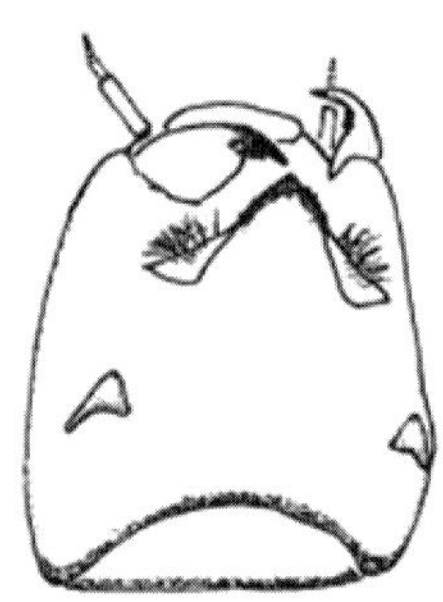

*Rheocriptopus*의
한쌍의 작은 세관

*Goeldichironomus*의
삼각형 후두골은 크다

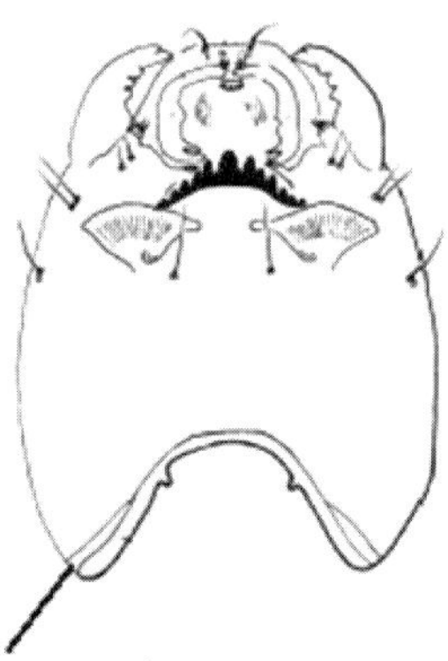

*Dicrotendipes*의
삼각형 후두골은 작다

그림 9. 깔따구의 다양한 두부의 형태와 구조

4) 두부의 색 또는 무늬

체색과 마찬가지로 두부의 색도 무색에서부터 검은색까지 다양하다. 두부의 등면 또는 배면에 줄무늬, 점 또는 가느다란 줄이 있는 경우도 있다. 후하순기절(postmentum: 두부의 하순기절 후부 부분, 또는 후판 부분이라고 불림) 또는 두부의 후부 가장자리가 거무스름하기도 하다. 안점이 얼마나 많이 존재하는지 그리고 어떻게 배열되어 있는지도 관찰한다.

5) 촉각

많은 분류군에서 촉각의 모양과 길이는 분류적인 특징으로 사용된다. Tanypodinae 아과의 유충들은 두부 안쪽으로 밀어 넣을 수 있는 신축 가능한 촉각(tractile antennae)을 가지며 살아있거나 알코올에 고정된 상태에서 쉽게 아과로 동정할 수 있다. Tanytarsini (Chironominae 아과) 족들은 가시나 돌기로 장식된 신장된 받침대(pedestals)가 탑재된 촉각을 가지고 있기도 있는 경우도 있다.

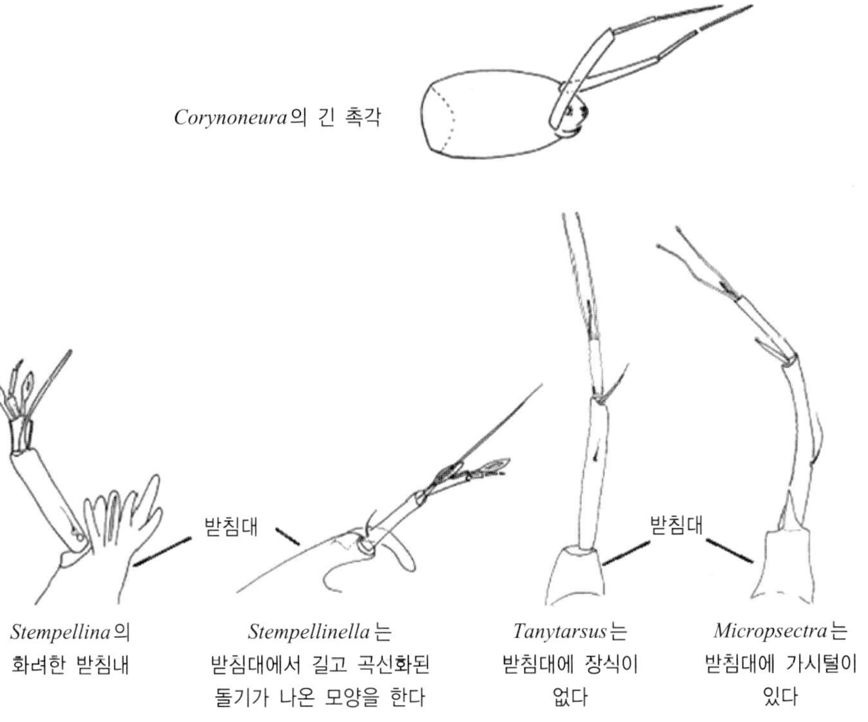

그림 10. 깔따구 두부에서 볼 수 있는 다양한 모양의 촉각들

6) 집

많은 *Chironomus*, *Glyptotendipes*, *Tanytarsus* 유충들은 유기쇄설물, 배설물 그리고 침분비물을 이용하여 굳힐 수 있는 물질들로 관 모양의 집을 만든다. 어떤 유충들은 이동할 수 있는 집을 만들거나 관모양의 집에 있는 상태로 먹이를 걸러먹기도 한다. 북미의 *Zavreliella* 또는 *Rheotanytarsus*는 날도래의 집처럼 특이한 집을 짓는다. 비록 대부분의 *Rheotanytarsus* 유충들을 종까지 동정하는 것은 가능하지 않지만 유충/번데기 집의 형태에 따라 두 개의 큰 그룹으로 나눌 수 있다. *Rh. pellucidus* 그룹은 긴 부속 줄기를 가진 집을 짓고, *Rh. exiguus* 그룹의 집은 한쪽 면을 따라 붙어있다.

4. 동정의 정확성

저서성 대형무척추동물의 연구에 있어 종종 간과되는 요소는 동정의 정확성이다. 샘플채집 방법, 화학적인 분석 또는 통계적인 분석 등에 관해서는 엄격한 지침이 있지만, 실험실에서 개인의 동정 수행에 대한 능력을 관찰하거나 향상시키는 능력에 대한 검증절차에는 관심이 적다. 변화가 심한 생물학적인 단위를 연구하는 동정 과정에서 실수를 할 수 있다. 슬라이드에 라벨을 잘못 붙이거나 잘못된 기록을 하기도 한다. QA/QC 절차들은 이러한 유형의 오류들을 처리하거나 발견하는데 도움이 된다.

생물을 부정확하게 동정하는 것은 문제가 되기도 한다. 무경험자와 숙달된 연구자는 모두 동정의 정확성에 관하여 피드백을 해야 할 필요가 있다. 대부분의 생물학자들이 피드백을 받아야하지만 외부의 전문가들에게 자료를 확인받기 위한 자금이 없거나 부족하기도 하다. 결국, 생물과 관련된 어떠한 연구들이라도 초기 자료의 핵심은 생물이며, 그러한 자료의 정확성을 위해 모든 것을 보증해야 한다. 그리고 표본들의 동정에 대한 다양한 전문가들의 의견을 얻기 위하여 연구실들을 찾아다니는 것은 만족할 만한 해결책이 되지 않는다. 과거에는 박물관, 대학 등에서 분류학자들의 도움을 받아 종종 무료로 동정을 할 수 있었다. 아직까지 가능하긴 하지만 많은 연구자들은 더 이상 그렇게 하지 않는다. 대학의 퇴직한 계통 분류학자들은 생태학자 또는 분류학에 대한 연구가 분자 생물학자들에 의해 대체되고 있으며 분류 전문가들은 줄어들고 있다. 오늘날 계통 분류학을 공부하는 학생들 또한 많지 않다. 계통 분류학이 뒷받침 되지 않은 채 생물다양성에 관해 이야기하는 것은 모순적이며 행정가들은 정확한 동정의 중요성과 외부 전문가들의 필요성에 대하여 인식해야 한다. 그럼에도 외부형태의 기준도 충분히 발달시키지 못한 상태에서 분자생물학의 접목을 시도하고자 하는 경향들이 두드러지고 있다. 이 두 분야는 공동으로 함께 진행되어야 하는 협력 체제를 구축하여야 한다.

제 2 장

깔따구아과(Subfamilies)의 형태학적 분류

깔따구과에 대한 분류는 한국뿐만 아니라 세계적으로도 해결해야 할 많은 문제점이 제기되고 있다. 세계적인 분포를 정리하여 분류검색을 할 수 있는 통합된 분류책자는 없는 상태이며, 국가별로 담수와 습지 등과 같은 서식처에 따른 지역적인 분류체계가 정리되어 있다. 한국과 지역적으로 가장 인접한 일본의 경우도 성충을 기반으로 하여 분류체계가 출판되어져 있다(Sasa and Kikuchi, 1995). 또한 생활사에 따라 성충과 유충으로 구분되어 분류학적인 정보가 제공되고 있어 유충과 성충을 연결시켜 검색할 수 있는 체계도 마련되어야 한다.

제2장에서는 깔따구 유충을 대상으로, 저서성 대형무척추동물 연구자에 의해 가장 많이 읽혀지고 있으며 인터넷상으로도 제공되는 북미의 분류기준인 'Identification Manual for the Larval Chironomidae (DIPTERA) of North and South Carolina'를 사용하여 깔따구 아과의 개략적인 주요 특징적인 분류키를 살펴보고자 한다. 북미에는 7개의 깔따구아과에 대하여 계통발생 순서에 따라 가장 원시적인 것부터 시작하여 아과의 형태를 근거로 하여 기술되어져 있다. 아래의 형질들은 미국 남동부의 아과에 속하는 검색키를 정리한 것이다.

1. Telmatogetoninae

4마디의 짧은 촉각(대악(mandible)의 1/5 길이 보다 짧음)을 가지며, 하순기절(mentum)이 잘 발달되어 있고, 전하순기절(prementum)의 중앙에 숱이 많은 솔을 가지며, 항문세관(anal tubules)과 전미모(proceri)가 없다.

북미에는 2개의 속이 있는데 *Telmatogeton*은 캐나다를 포함한 북쪽 해안에서 발견되고, *Thalassomya*는 플로리다의 남부에서는 명백하게 나타나지 않는다. 이 아과의 모든 신북구 종들은 해안 연안 생물들이며 바위의 조류가 있는 곳에서 보통 존재하지만, 어떤 *Hawaiian Telmatogeton* 종들은 담수가 유입되는 곳에서도 서식한다.

항문 강모(anal setae)는 몸통에 일직선으로 난다. 전미모(proceri)가 없다. 항문세관(anal tubules)도 없다.

*Telmatogeton*의 짧은 4마디의 촉각

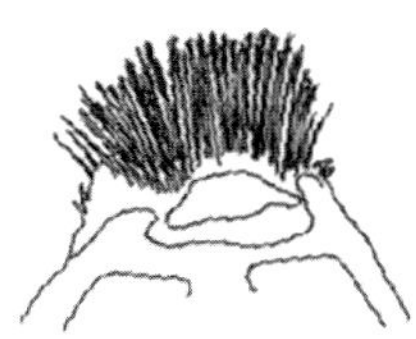

*Telmatogeton*은 촘촘한 솔이 있는 전하순기절을 보인다

*Thalassomya*의 하순기절

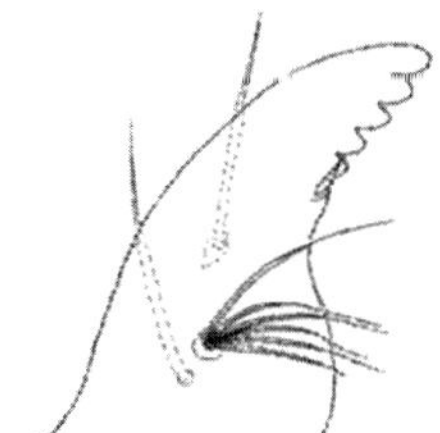

Telmatogeton 대악

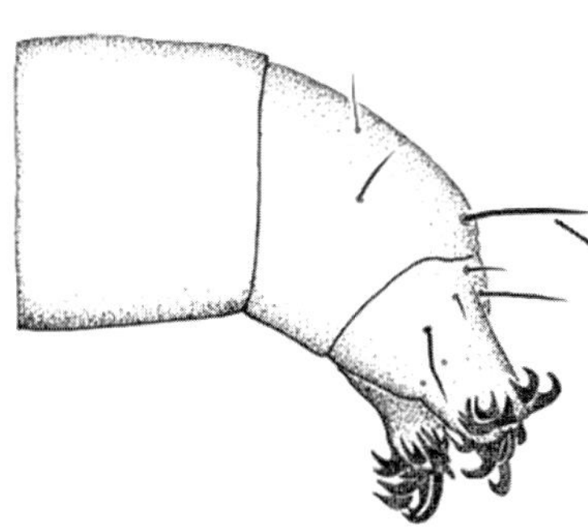

그림 11. Telmatogetoninae 아과의 주요특징들

2. Podonominae

촉각 세 번째 마디가 환상이며 전대악(premandible)이 없고 하순기절(mentum)이 잘 발달되어 있으며 긴 전미모(proceri)가 잘 발달되어 있다. 북미에는 5개의 속이 있다. Podonomines는 보통 흔하지 않으며 유충은 종종 이끼와 함께 계곡, 개천, 개울에 제한되어 있다.

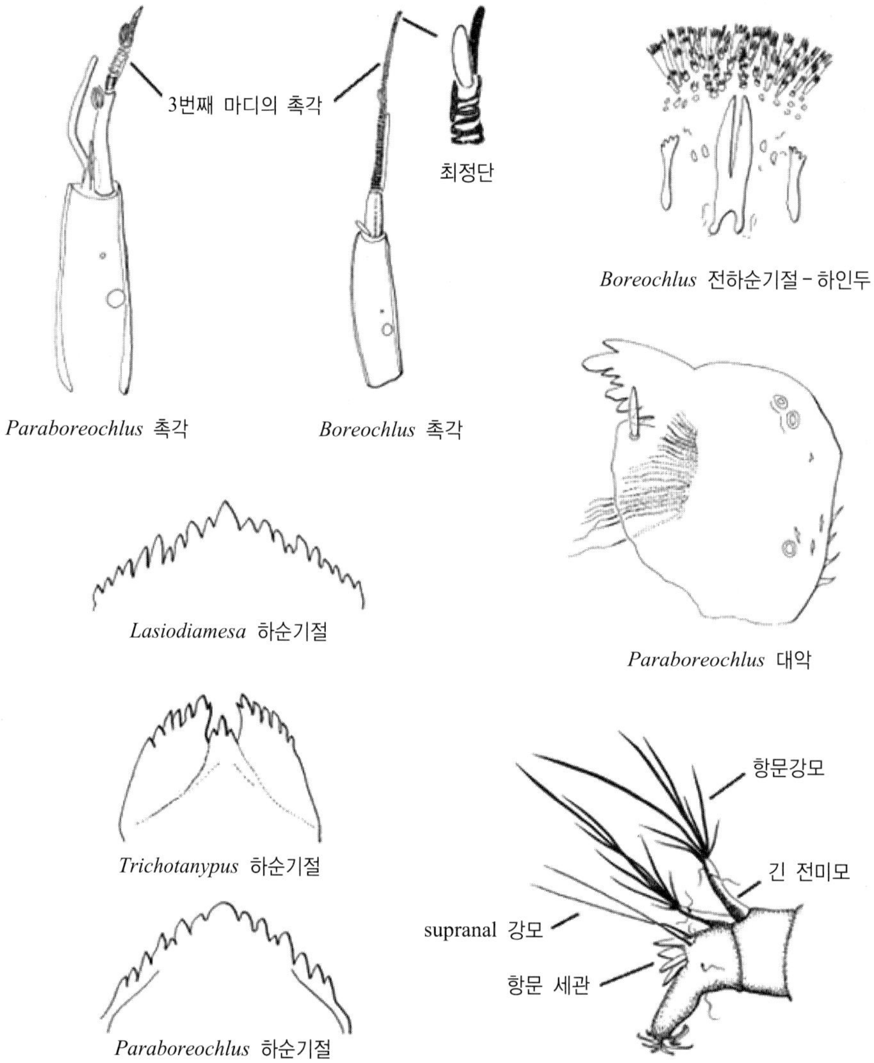

그림 12. Podonominae아과의 주요특징들

3. Tanypodinae

이 아과에 속하는 종들은 신축 가능한 촉각, 전대악(premandible)의 소실, 잘 발달된 순설(ligula)과 전미모(proceri)로 쉽게 구분할 수 있다. 강모와 두부의 감각 홈 또한 이들 속과 몇몇 종들을 동정하는데 매우 유용하다. 강모는 Kowalyk(1985)에 의해 자세하게 검토되

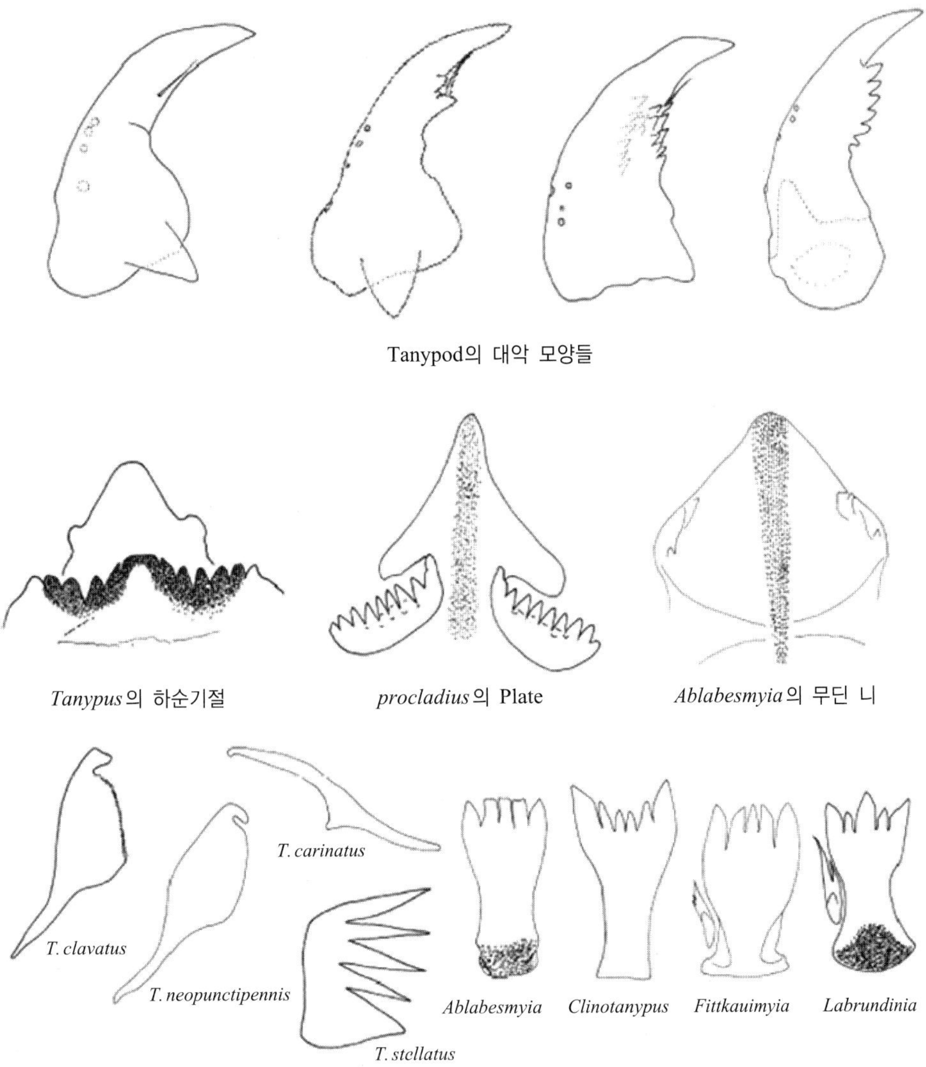

그림 13. Tanypodinae 아과의 주요 특징들

었다. 신북구에는 적어도 39개의 속이 있다. 모든 tanypods는 육식성이다. 유충은 기수를 포함한 모든 형태의 수역에서 발견된다. 몇몇 속은 헤모글로빈을 가지고 있으며 산소가 적은 환경에서도 살 수 있다.

Tanypod의 대악(mandibles)은 극히 간단하기도 하며(*Rheopelopia*) 몇 개의 이를 가지기도 하며(*Paramerina*) 많은 이를 가지기도 한다(*Fittkauimyia*, *Psectrotanypus*). 하순기절(mentum)은 완전하기도 하며(*Tanypus*) 두 개의 판으로 구성되기도 하며(*Procladius*) 또는 오직 넓게 갈라진 무딘 이를 가지기도 한다(*Ablabesmyia*). 후측 측지(posterior parapods)의 발톱(claws)은 중요할 수 있다. 위의 것은 Tanypus 속의 4가지 예이다. tanypod 분류에 있어 순설(ligula)은 매우 중요하다.

4. Diamesinae

대부분의 신북구 속은 세 번째 촉각 마디가 환상이며 하순기절(mentum)과 전대악(premandible)이 잘 발달되어 있고 전하순기절(prementum)에 3개의 잘 발달된 강모 술이 있다. 신북구의 diamesine에서 *Protanypus*는 유일하게 환상의 세 번째 촉각 마디가 없으며 두부에 많은 강모가 있고 복측부 후측에 2개의 긴 돌기를 가진다. *Potthastia longimana*의 유충은 하순기절(mentum)에 이가 없다. 복부기절판(ventromental plates)은 퇴화하거나 잘 발달되어 있다. 어떤 속은 하순기절(mentum)의 이가 불분명하다. 복부하순기절(ventromentum)에는 자모 강모가 없다. 전미모(proceri)는 존재하거나 또는 없다. 미국 남동부에 유충만 알려진 한 속을 추가해서 신북구에는 11개의 속이 있다. 대부분의 Diamesines가 차거나 시원한 유수에서 발견되지만 샘이나 호수에서도 발견된다.

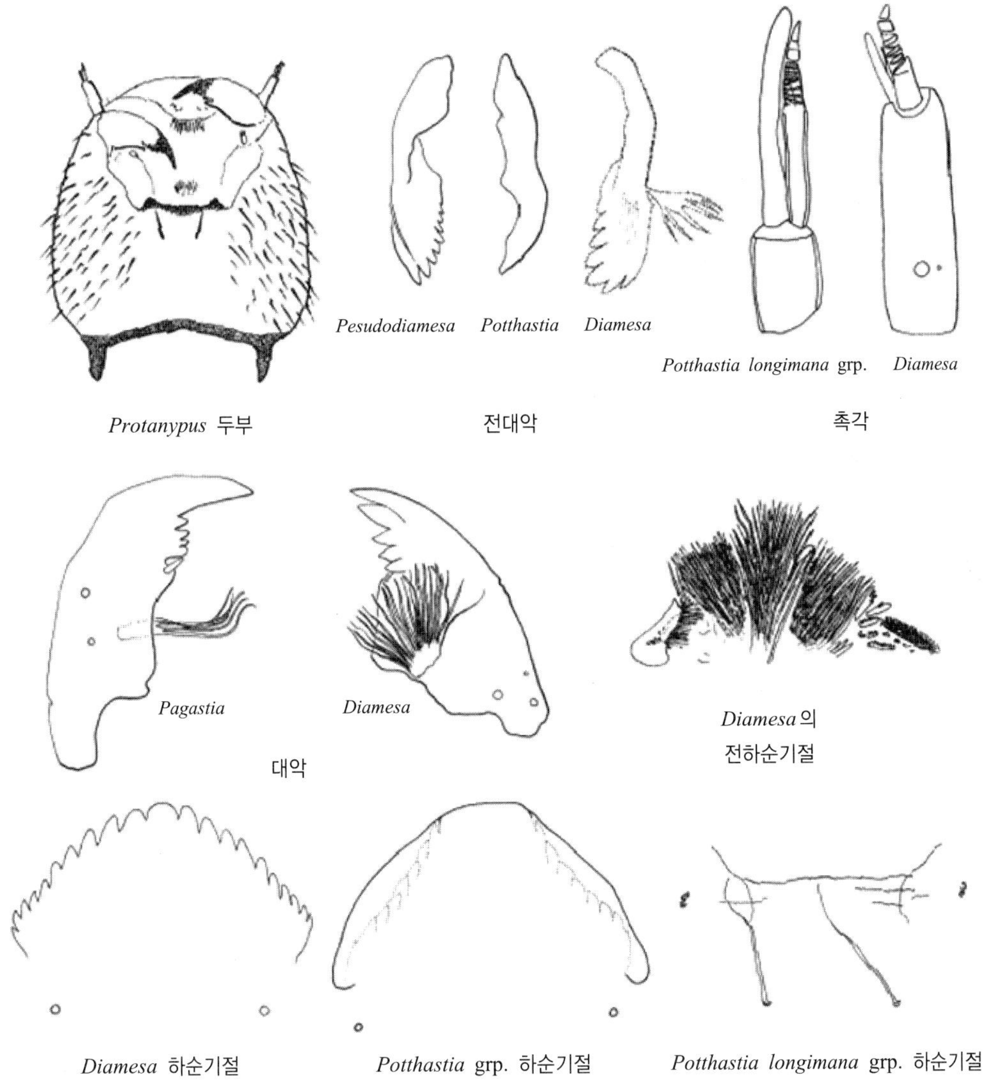

그림 14. Diamesinae의 주요특징들

5. Prodiamesinae

4마디의 안테나를 가지며 세 번째와 네 번째 마디는 매우 작다. 전대악(premandible)이 잘 발달되어 있고 전하순기절(prementum)은 솔이 없거나 강모의 솔을 가지고 있으며 잘 발달된 하순기절(mentum)과 함께 줄무늬가 없는 큰 복부기절판(ventromental plates)을 가지며 이들 판의 아래 또는 근처에(종종 매우 긴) 강모가 있다. 신북구에는 4개의 속이 있으며 유충은 샘, 개울/강, 연못과 호수의 연안대에서 발견된다.

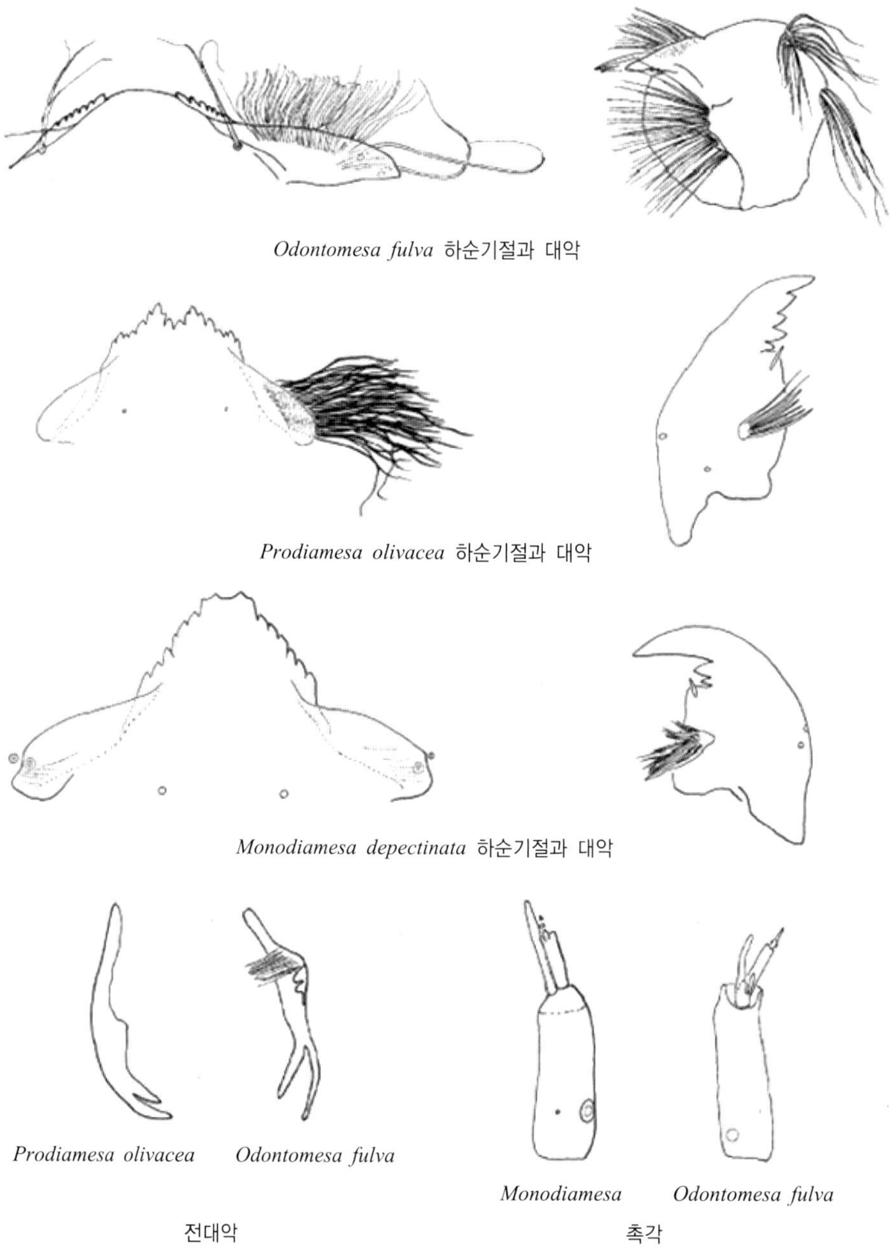

그림 15. Prodiamesinae의 주요 특징들

6. Orthocladiinae

형태학적으로 그리고 생태학적으로 다양한 아과이며, 보통 3~7마디의 잘 발달된 촉각(비록 어떤 경우 심하게 축소되기도 하지만)를 가지며 전하순기절(prementum)은 숱이 많은 솔이 없거나 강모의 솔을 가진다. 잘 발달된 전대악(premandible)과 하순기절(mentum)을 가지며 줄무늬가 없는 복부기절판(ventromental plates)이 있거나 없고 이들 판의 아래 또는 근처에 강모가 있거나 없다. 어떤 육상/반수서 유충은 전미모(proceri), 항문세관(anal tubules)과/또는 전측 측지(anterior parapods)와 후측 측지(posterior parapods)가 없다. 북미에 적어도 81개의 속이 기술되어 있으며 몇몇 추가적인 분류군은 새로운 속으로 기재되기도 한다. 유충은 연안의 해양 지역을 포함한 모든 수서 서식처에서 발견된다. 몇몇 분류군은 완전한 육상 생활을 한다.

유충의 강모는 동정에 있어 매우 중요하다. Orthoclad의 촉각은 다양한 범위의 분할과 형태로 나타낸다. 전대악(premandible)은 간단하거나 복합적인 이빨이기도 하며 강모의 술이 있거나 없다. Orthoclad의 대악(mandibles)은 동정에 있어 많은 형질들을 제공한다. 형태, 이빨의 수, seta interna의 존재 유무, 그밖에 다른 많은 특징들이 사용된다. 하순기절(mentum)은 복부기절판(ventromental plates)이 없거나 또는 복부기절판(ventromental plates)이 작은 것부터 큰 것까지 있고 자모가 복부기절판 아래 또는 그 근처에 있다. 육상 또는 반수서 생활을 위해 변화된 어떤 종은 측지(parapods), 전미모(procerci) 그리고/또는 항문 세관(anal tubules)이 축소되거나 퇴화되었다.

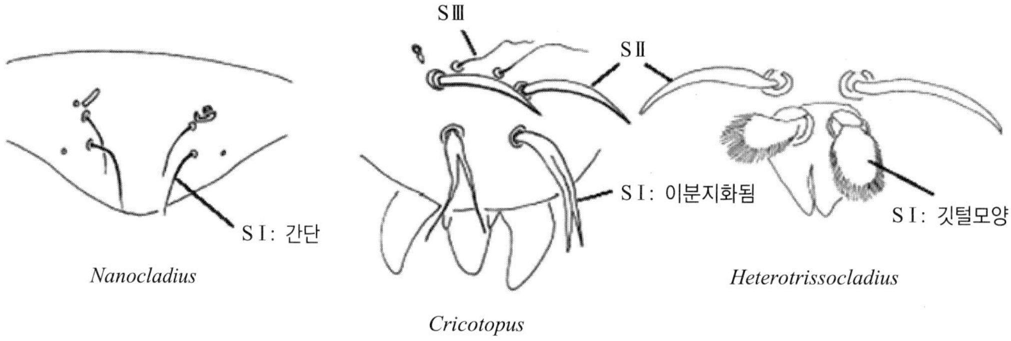

상순 강모는 동정에 중요하다

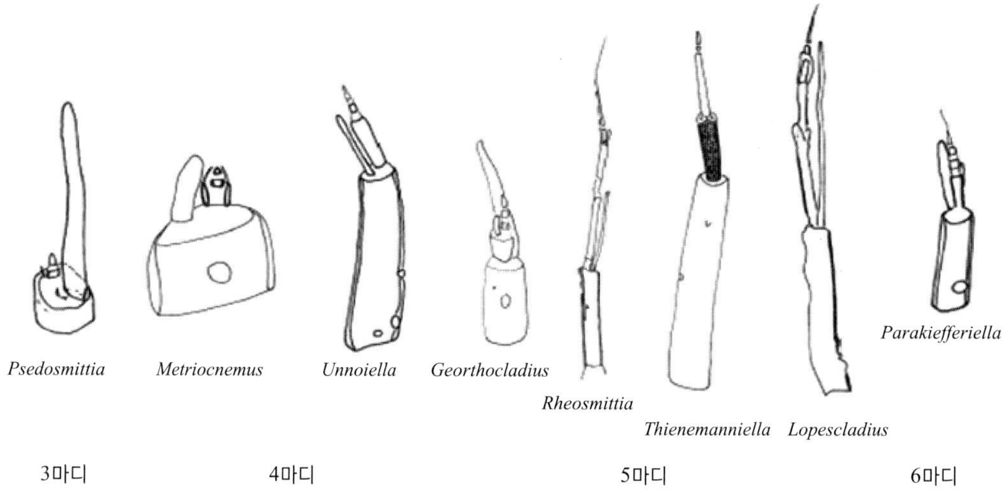

다양한 모양의 촉각들

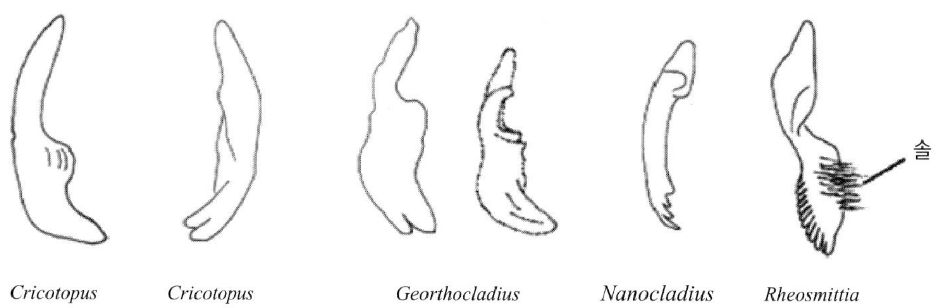

전대악의 다양한 모양들

그림 16. Orthocladiinae 아과의 주요 특징들 1

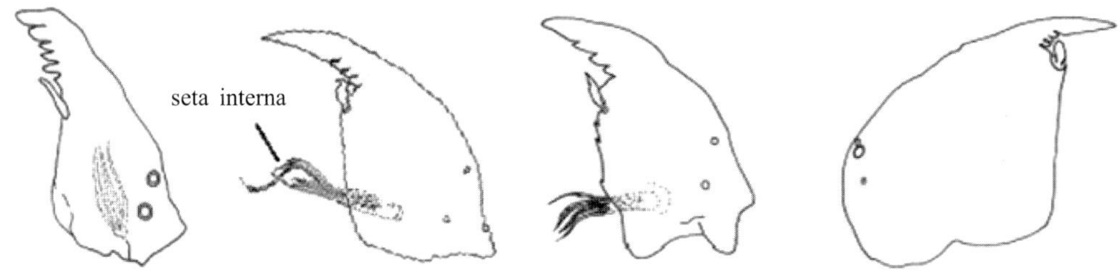

Lopescladius *Psectrocladius* *Cricotopus bicinctus* *Orthocladiinae* sp.

다양한 *Orthoclad* 의 대악

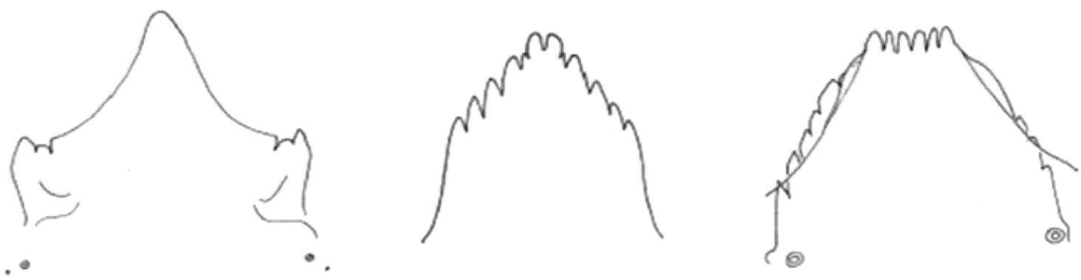

Orthocladius lignicola *Corynoneura* *Epoicocladius*

복부기절판에 하순기절이 결여된 종들

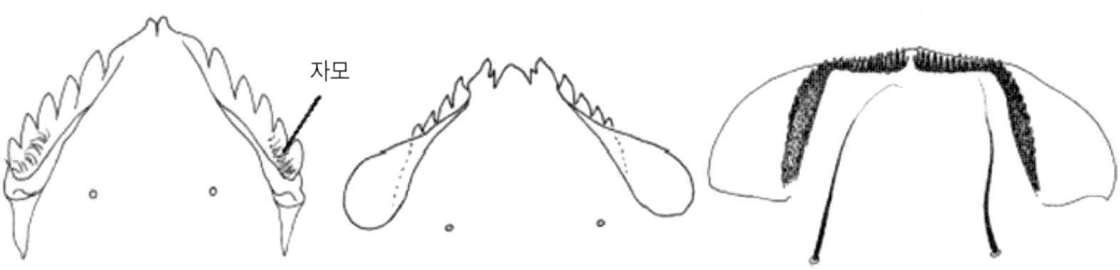

Psectrocladius *Unniella* *Orthocladiinae* sp.

복부기절판의 다양한 모양들

Pseudomittia 전미모와 측지의 소실

Georthocladius 전미모 또는 측지가 소실

그림 17. Orthocladiinae 아과의 주요 특징들 2

7. Chironominae

신북구의 속은 5~8마디의 촉각을 가진다. 전대악(premandible)이 존재한다. 전하순기절(prementum)은 큰 술들을 가지고 있지 않다. 대부분의 신북구 chironominae는 잘 발달된 하순기절(mentum)과 함께 줄무늬가 있는 복부기절판(ventromental plates)(이 판들은 leaf-mining/wood-boring 속인 Stenochironomus와 Xestochironomus에서는 축소되고 줄무늬가 없다)을 가진다. 이 아과의 종들은 자모가 존재하지 않는다. 2쌍의 항문세관(anal tubules)이 흔히 존재한다. 어떤 속은 추가로 측세관 그리고/또는 복세관을 가지기도 한다. 전미모(procerci)와 측지(parapods)는 보통 잘 발달되어 있다. 북미에 적어도 71개의 속이 기술되어 있으며 몇몇 추가적으로 기술되지 않은 분류군은 아마도 새로운 속을 나타낸다. 유충은 연안의 해양 지역을 포함한 모든 수서 서식처에서 발견된다. 몇몇 분류군은 긴 건조시기를 견딜 수 있다.

전복판(apotome)과 상순 경판(labral sclerites)은 중요한 형질이다. 촉각은 종의 동정에 있어 중요한 형질로 사용된다. 대부분의 Chironominae는 5마디의 촉각을 가지나 몇몇 속은 6~8마디의 촉각을 가진다. Tanytarsini류의 종들은 촉각의 형태가 광범위한 변화를 보이지만 그들은 항상 받침대(pedestal)로부터 시작된다. Chironominae의 대악(mandibles)은 간단한 것에서부터 복잡한 것까지 여러 가지이다. 동정의 요점은, 하순기절(mentum)과 복부기절판(ventromental plates)으로 하순기절에 있는 이빨의 수와 배열, 그것의 형태와 복부기절판의 형태 그리고 그것의 줄무늬 수가 가장 중요한 형질이다.

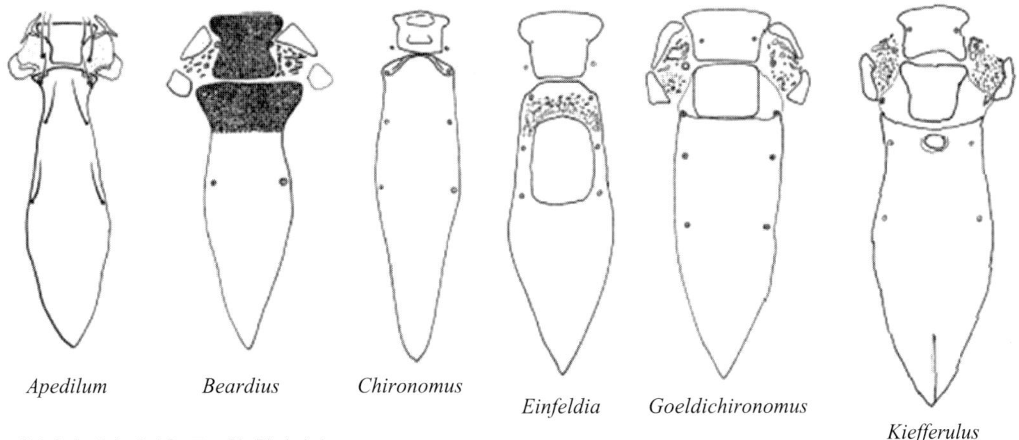

전복판과 상순절편은 중요한 형질이다.

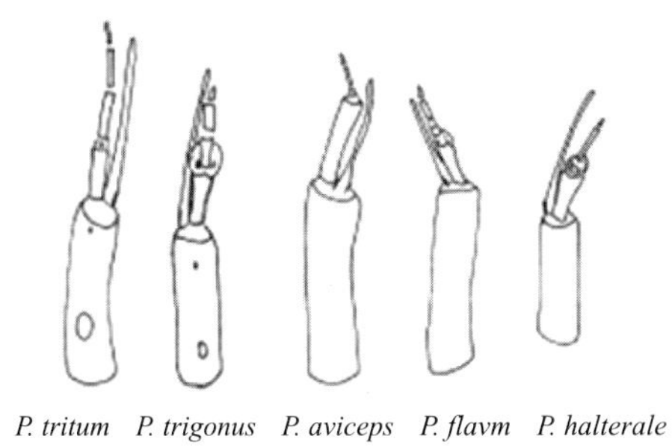

Polypedilum 5종의 촉각

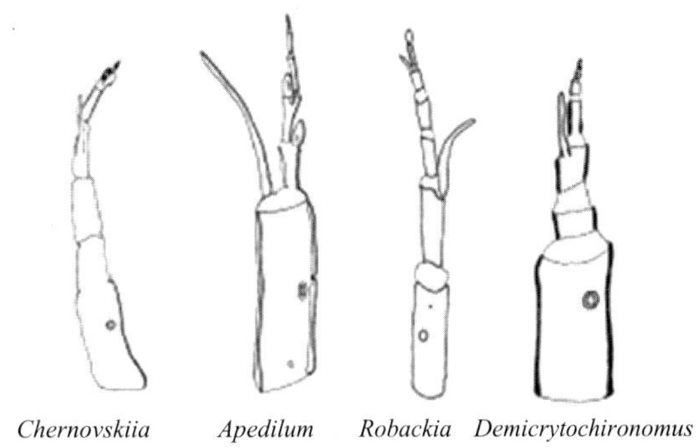

6-8마디로 된 촉각을 지닌 Chironominae

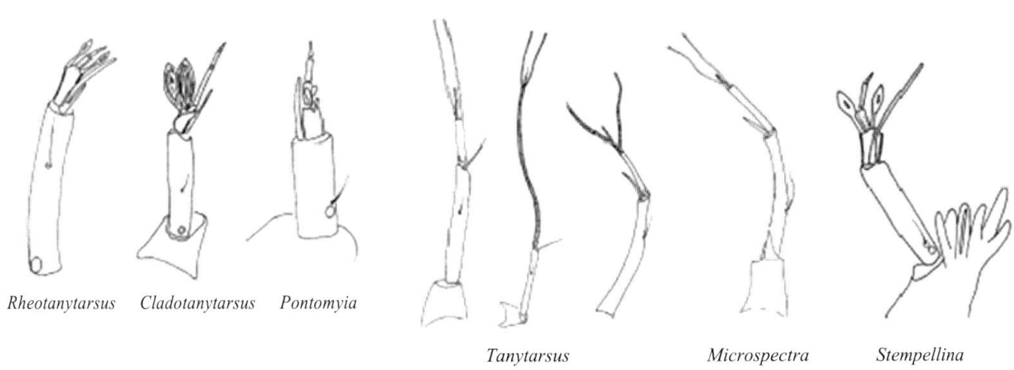

*Tanytarsini*의 촉각 형태들

그림 18. Chironominae 아과의 주요 특징들 1

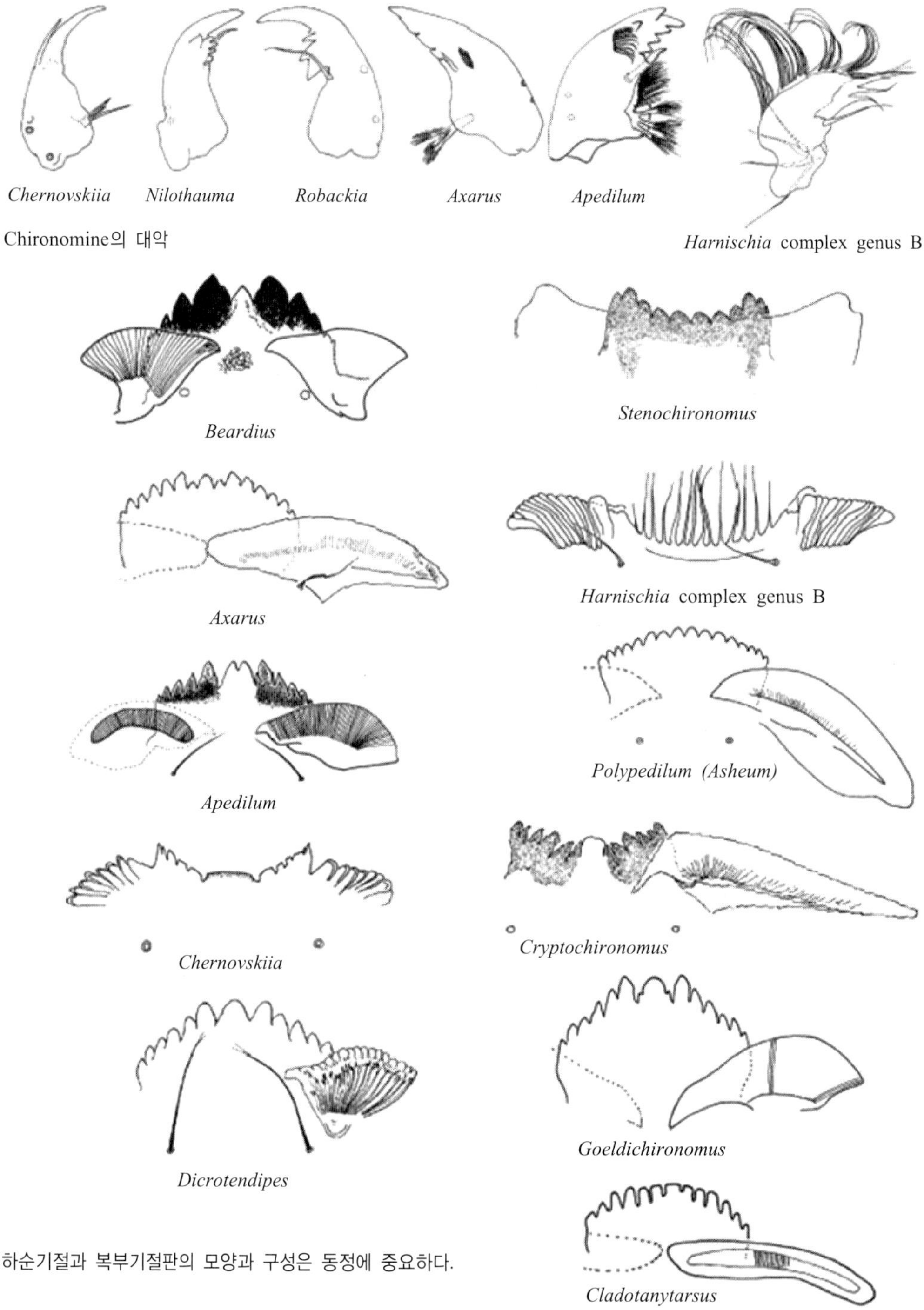

그림 19. Chironominae 아과의 주요 특징들 2

8. Chironomidae 아과 동정을 위한 pictorial key

1 두부에 신축 가능한 촉각이 있다; 크고 잘 곧은 순설(ligula)이 나타난다 .... Tanypodinae

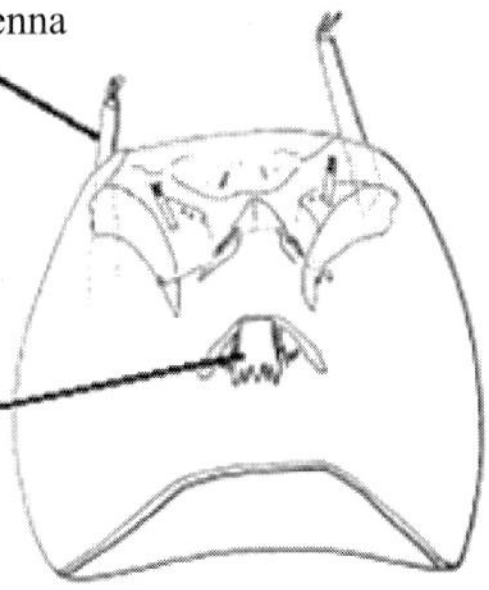

1’ 두부에 신축 가능한 촉각이 없다; 잘 곧은 순설이 없다 2

2(1’) 촉각 세 번째 마디가 환상이다 ... 3

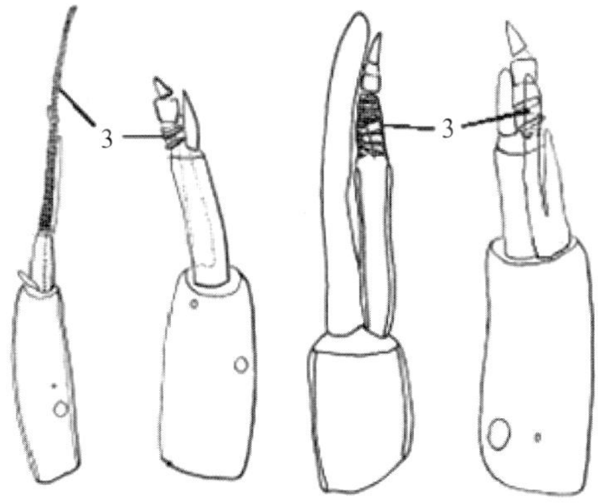

2’ 촉각 세 번째 마디가 환상이 아니다(촉각의 두 번째 마디 또는 Lauterborn organ pedicels은 환상일 수 있다 4

3(2) 전대악(premandible)이 없다; 전히순기절(prementum)에 3개의 큰 강모 술이 없다; 전미모(procerci)가 잘 발달되어 있으며, 매우 길다 .... Podonominae

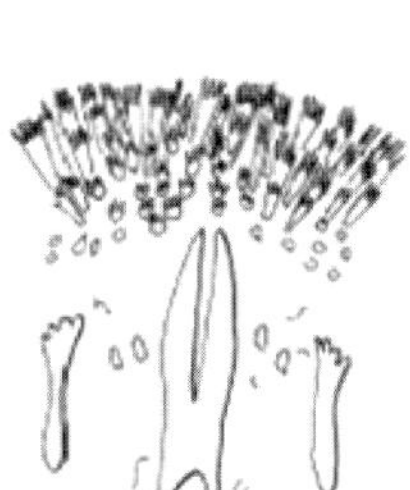

3’ 전대악이 있다; 전하순기절(prementum)에 3개의 술이 많은 강모 술이 없다; 전미모가 퇴화되었거나 작으며 절대로 길지 않다 .... Diamesinae

전하순기절

4(2’) 복부기절판(ventromental plate)에 줄무늬가 있다; 복부기절판 아래 자모(beard)가 없다 .... Chronominae(일부분)

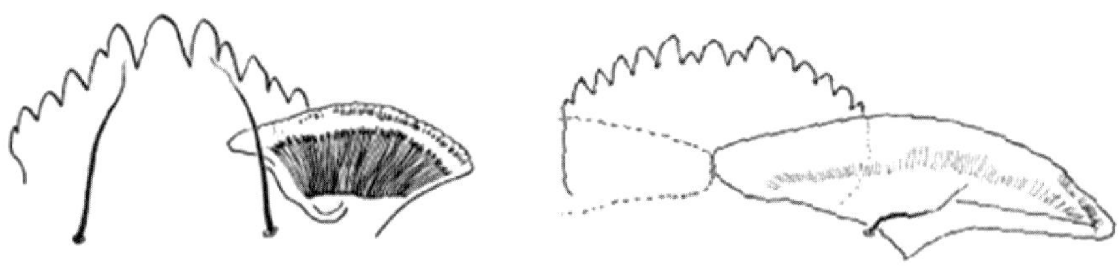

4’ 복부기절판이 있다면 줄무늬가 없다(p. 7.89의 몇몇 *Nanocladius*는 복부기절판에 약간의 무늬가 있다) 5

5(4’) 강모를 가지고 있는 매우 넓은 복부기절판이 있다(2개의 속에서 자모는 매우 잘 발달되어 있다); 촉각이 4마디이며 세 번째와 네 번째는 매우 작다 ... Prodiamesinae

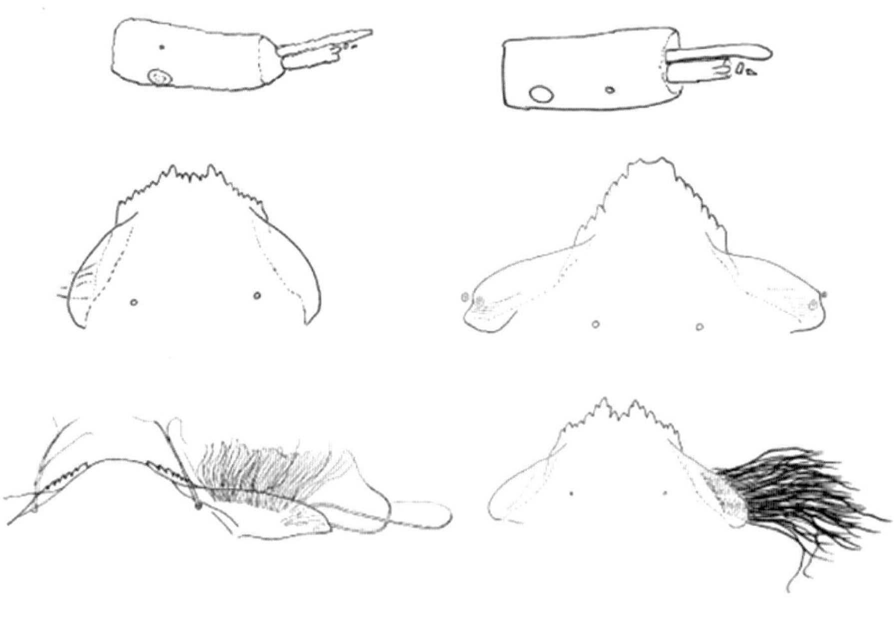

5'　복부기절판이 매우 넓게 있을 때, 자모가 없거나 촉각이 4마디가 아니다 6

6(5')　복부기절판이 소악(maxillae)과 융합되어 뚜렷하지 않다; 하순기절(mentum)이 오목하다; 두부가 등배쪽으로 편평하며 조각칼 모양이다; 유충은 침수된 죽은 나무나 잎을 뚫고 산다; .... Chironominae(일부분)

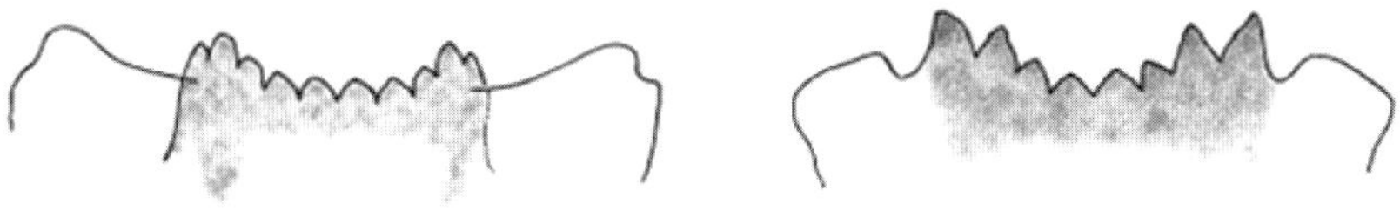

6'　하순기절, 복부기절판과 두부가 위의 내용과 같지 않다; 침수된 죽은 나무나 잎을 포함한 다양한 서식처에 존재한다 7

7(6')　촉각이 짧은 4마디이다; 전대악 중앙에 솔이 잘 발달되어 있다; 자모, 전미모와 세관이 없다; 오로지 남동부의 바다에만 존재한다 .... Telmatogetoninae

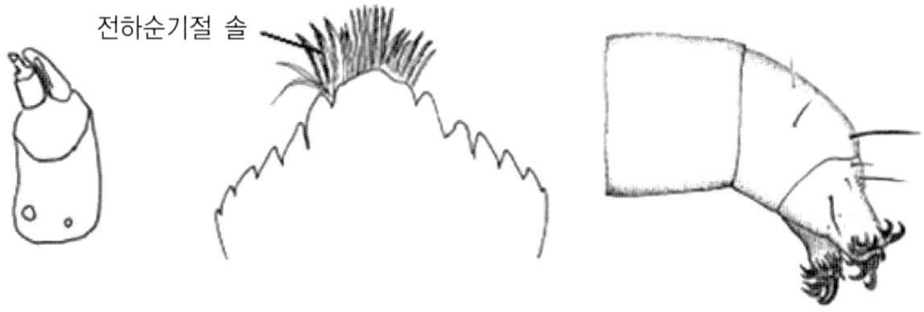

7'　촉각은 3~7마디이다; 전대악 중앙에 잘 발달된 수염이 없다; 자모가 있거나 없다; 전미모와 항문 세관이 있거나 없다(보통 존재하지만 종종 육상에 서식하는 속에는 없다); 유충은 다양한 서식처에 존재하나 바다에 서식하는 것은 촉각은 5마디이다 .... Orthocladiinae

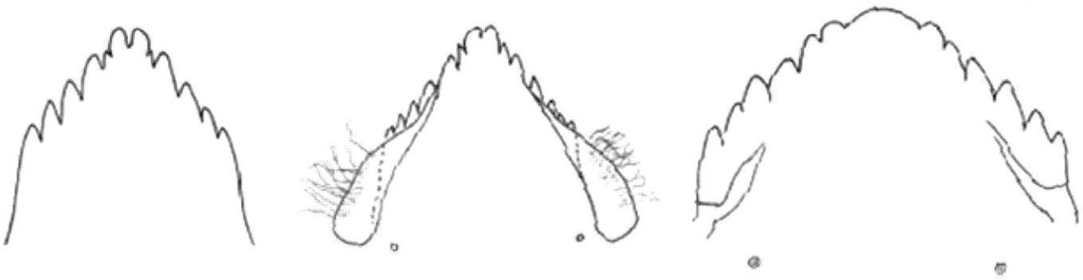

제 3 장

한국 깔따구과의 분포

제1절 한국 깔따구과 분포 개요

우리나라에서 출현이 보고된 깔따구과는 한국곤충명집(1994)에 따르면, 깔따구아과(Chironominae), 깃깔따구아과(Orthocladiinae) 그리고 늪깔따구아과(Tanypodinae)로 3아과 24속 43종(표 1)이 출현하였다. 학회지에 게재된 문헌과 검색사이트 NDSL, DBpia, RISS를 취합하여 깔따구아과(Chironominae), 깃깔따구아과(Orthocladiinae) 그리고 늪깔따구아과(Tanypodinae) 3아과 24속 75종(표 2)이 보고된 것을 확인하였다.

표 1. 한국곤충명집에 기재되어 있는 깔따구과 목록

Family Chironomidae 깔따구과

1. Subfamily Chironominae 깔따구아과 15속 31종

Chironomus circumdatus Kieffer	구술등무늬깔따구
Chironomus dorsalis Meigen	등깔따구
Chironomus flaviplumus Tokunaga	노랑털깔따구

Chironomus kiiensis Tokunaga	안개무늬날개깔따구
Chironomus nipponensis Tokunaga	닙폰깔따구
Chironomus plumosus (Linné)	장수깔따구
Chironomus yoshimatsui Martin et Sublette	요시마쯔깔따구
Cladotanytarsus sinjongensis Ree et Kim	신정눈장부깔따구
Cryptochironomus rostratus (Kieffer)	부리음깔따구
Dicrotendipes nervosus (Staeger)	강갈래깔따구
Dicrotendipes pelochloris (Kieffer)	검은꼬리갈래깔따구
Einfeldia dissidens (Walker)	검은다모깔따구
Endochironomus pekanus (Kieffer)	산자무늬안깔따구
Glyptotendipes tokunagai Sasa	도꾸나가조각깔따구
Hanchironomus tumerestylus Ree	흑꼬리한깔따구
Micropsectra koreana Ree	한소장부깔따구
Microtendipes ureshinoensis Sasa	우레시노꼬마깔따구
Parachironomus arcuatus (Goetghebuer)	활버금깔따구
Parachironomus frequens (Johansen)	하버금깔따구
Paratendipes albimanus (Meigen)	흰다리사촌깔따구
Pentapedilum parasordens Ree	파라솔덴오각깔따구
Pentapedilum pseudotritum Ree et Kim	옆구리오각깔따구
Pentapedilum uncinatum Goetghebuer	갈고리오각깔따구
Polypedilum edense Ree et Kim	에덴무늬깔따구
Polypedilum masudai (Tokunaga)	마스다무늬깔따구
Polypedilum nubifer (Skuse)	구름무늬깔따구
Polypedilum scalaenus (Schrank)	삼지창무늬깔따구
Polypedilum yongsanense Ree et Kim	용산무늬깔따구
Rheotanytarsus dogoensis Ree et Kim	도고유장부깔따구
Rheotanytarsus gayaensis Ree	가야유장부깔따구
Rheotanytarsus kwangnungensis Ree	광릉유장부깔따구

2. Subfamily Orthocladiinae 깃깔따구아과 6속 9종

Brillia japonica Tokunaga	일본쌍뿔깔따구
Cardiocladius fuscus Kieffer	검은종마디깔따구
Cricotopus bicinctus (Meigen)	두흰마디아기깔따구
Cricotopus bimaculatus Tokunaga	두점박이아기깔따구
Cricotopus sylvestris (Fabricius)	숲아기깔따구
Cricotopus triannulatus (Macquart)	세줄아기깔따구
Microcladius suspensus (Tokunaga)	서울꼬마아기깔따구
Orthocladius suspensus (Tokunaga)	그네깃깔따구
Tokunagayusurika akamushi (Tokunaga)	빨간도꾸나가깔따구

3. Subfamily Tanypodinae 늪깔따구아과 3속 3종

Ablabesmyia monilis (Linné)	목걸이알락깔따구
Procladius choreus (Meigen)	알모기깔따구
Tanypus punctipennis (Meigen)	점박이늪깔따구

표 2. 한국에 출현한 깔따구과 목록

Subfamily	Genus	Genus Species
Chironominae	*Chironomus*	*C. arcuatus*
		C. rostratus
		C. dorsalis
		C. kiiensis
		C. nipponensis
		C. indisinclus
		C. nervosus
		C. alniceps
		C. octpguttatus
		C. scalaenus
		C. bicinctus
		C. ceylonicus
		C. circumdatus
		C. dissidens
		C. ferrugineo-villarus
		C. flaviplumus
		C. imperator
		C. inditinctus
		C. javanus
		C. longiforceps
		C. lucifer
		C. molitalor
		C. ncrvosus
		C. nubifer
		C. plumosus
		C. pulchelluls
		C. samoensis
		C. scalaenus

Subfamily	Genus	Genus Species
		C. triannulatus
		C. triparticus
		C. subgeneus Chironomus Group C
	Cladotanytarsus	*C. sinjongensis*
	Criptochironomus	*C. rostratus*
	Dicrotendipes	*D. kieffer*
		D. nervosus
	Einfeldia	*E. dissidens*
	Endochironomus	*E. pekanus*
	Glytotendipes	*G. goryoensis sp. Nov (G. goryoensis Ree and Kim)*
		G. tokunagai
	Harnischia	*H. frequens*
	Micropsectra	*M. koreana n. sp.*
	Microtendipes	*M. ureshinoensis*
	Parachironomus	*P. arcuatus*
		P. frequens
	Polypedilum	*P. edense*
		P. masudai
		P. nubifer
		P. octoguttatus
		P. pharao
		P. pruinosum
		P. scalaenus
		P. yongsanensis
	Rheotanytarsus	*R. dogoensis*
		R. gayaensis
	Pentapedilum	*P. parasordens*
		P. pseudotritum
		P. uncinatum

Subfamily	Genus	Genus Species
Orthocladiinae	*Brillia*	*B. japonica Tokunaga*
	Cardiocladius	*C. fuscus*
	Cricotopus	*C. sylvesris*
		C. bicinctus
		C. bimaculatus
		C. fallax
		C. triannulatus
		C. longipalpis
	Microcricotopus	*M. seoulensis*
	Orthocladius	*O. akamushi*
		O. suspensus
	Propsilocerus	*P. akamushi(=Tokunagayusurika akamushi)*
Tanipodinae	*Ablabesmyia*	*A. monilis*
	Pentaneura	*P. monilis*
	Procladius	*P. choreus*
		P. formosanus
	Tanypus	*T. momilis*
		T. punctipennis

* 학회지에 게재된 문헌과 검색사이트 NDSL, DBpia, RISS를 취합하여 정리하여 목록을 작성하였으며 종명으로 기재하지 않았고 sp.처리한 문헌상의 종은 목록에 첨부하지 않았다. 주로 깔따구과의 성충에 대한 문헌이 주를 이루었다.

제2장에서 다룬 깔따구과의 분류체계는 일반인들도 볼 수 있도록 검색키를 한글과 전문용어로 병기 하였으며, 검색키에 사용되는 전문용어의 설명과 약자에 대한 내용은 부록 2에 담아두었다. 제3장에서 다루는 한국의 깔따구 분류는 전문가들에 의해 향후 지속적으로 추가되거나 지역적인 특이종이 추가될 수 있음을 고려하여 한글번역을 지양하고 전문가를 위하여 원분으로 제공하고자 하였다. 또한 한국에서 출현이 보고되지 않아 검색키를 더 이상 추가하지 않은 경우에는 "성충 미보고"로 기재하여 성충과 유충의 연계 연구가 필

요함을 표시해 두었다.

한국 연구자들이 게재한 문헌상의 깔따구 출현은 주로 성충을 대상으로 이루어져 유충 단계의 검색키를 체계적으로 제공하고 있지 않았다. 성충이 출현하여 보고되었다는 것은 유충의 서식을 가장 확실하게 보장해 줄 수 있다. 또한 국가별로 검색키가 사용되고 있는 실정이고 국제적으로 통합된 검색키를 제시할 수 없는 상태에서 한국도 지역적인 검색키를 제시하여 차후 보강과 수정을 거치기에는 참여할 수 있는 전문연구자들이 부족하다. 이런 연유로 Epler 박사가 인터넷상에서 제공하여 쉽게 접근이 가능하고, 업데이트가 잘 이루어지고 있는 북미의 분류체계와 한국에서 출현한 목록(표 2)를 합하여 한국에서 출현한 깔따구과를 동정할 수 있도록 검색키를 구성하였다.

제2절 깔따구아과(Chironominae) 검색키

A. Key to the genera of larval Chironominae of the South Korea

1 Ventromental plates fused to maxillae and without well defined striae so that the plates are inconspicuous; mentum concave; larvae mining in dead submerged wood and/or submerged leaves; may be common in Hester-Dendy samplers contructed of plant materials .... **(성충 미보고)**

1’ Ventromental plates well developed, usually with numerous striae; mentum variable; larvae in a variety of habitats (that may include mining in leaves, plant stems or dead submerged wood) 2

2(1’) Bases of S I fused; S II on elongate pedestal; antennae with 5 segments, mounted on distinct elongate base (base squat in one marine genus, *Pontomyia*); Lauterborn organs usually well developed and often mounted on short to long pedicels .... Tribe Tanytarsini .... 3’

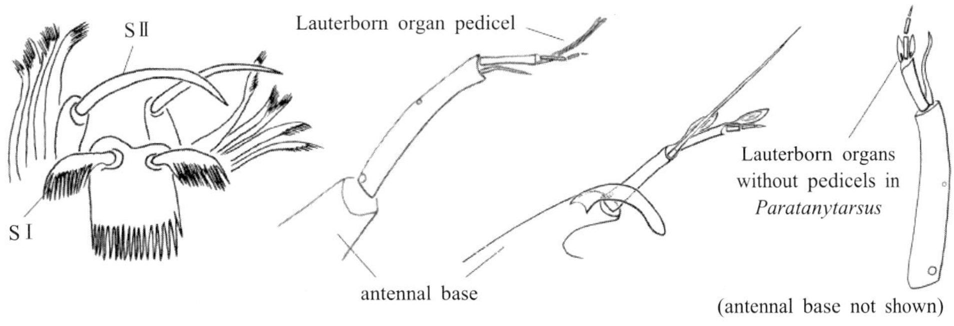

2’ Bases of S I usually separate and S II usually not on pedestal (if S I fused and/or S II on pedestal, then antennae with 6 segments and alternate Lauterborn organs at apices of segments 2 and 3); antennae with 4-8 segments, Lauterborn organs not on long pedicels 10

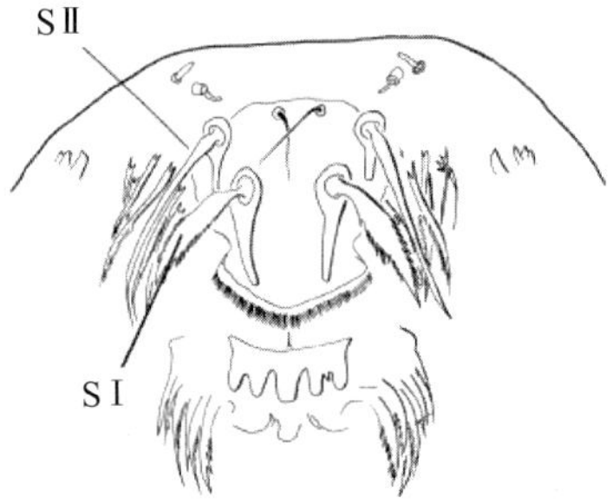

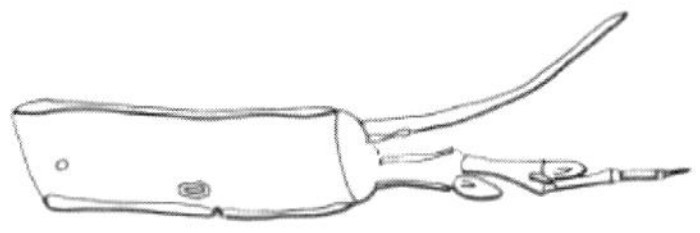

6 segmented antenna with alternate Lauterborn organs on segments 2 and 3

3(2) Ventromental plates squat, separated by at least the width of the 3 median teeth; larvae in transportable cases .... **(성충 미보고)**

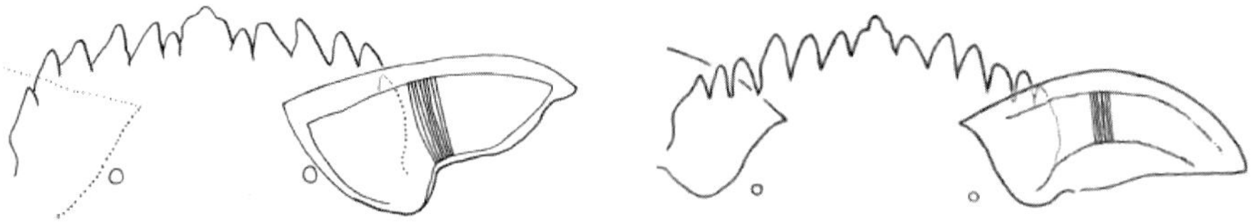

3’ Ventromental plates wide, touching or almost touching medially; if larvae in cases, the cases are not transportable .... 4’

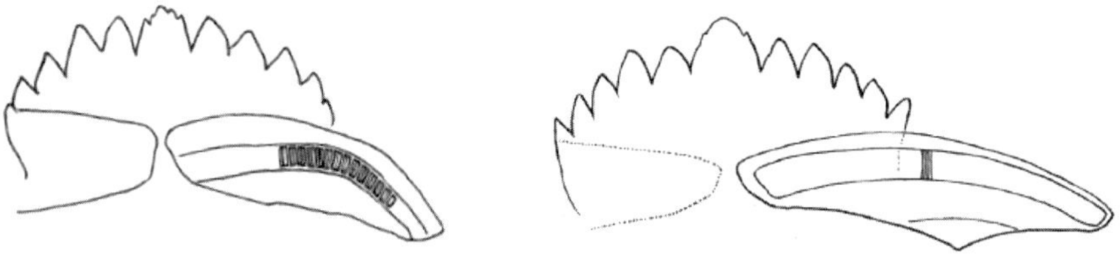

4(3’) Mentum with 4 pairs of lateral teeth (some *Neozavrelia* may have a minute 5th pair) .... **(성충 미보고)**

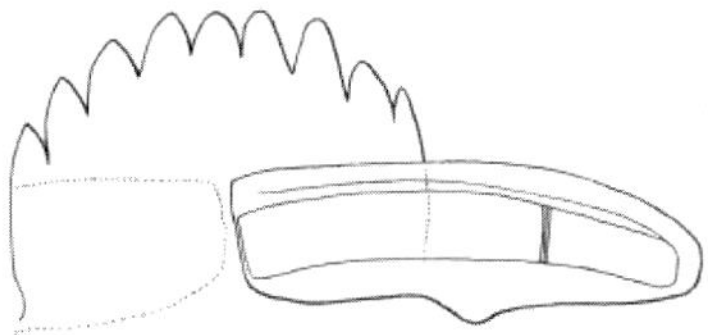

Neozavrelia

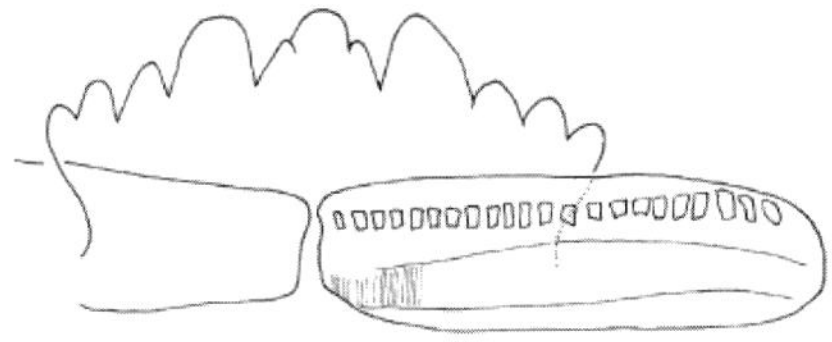

Pontomyia

4' Mentum with 5 (or apparently more) pairs of lateral teeth 5

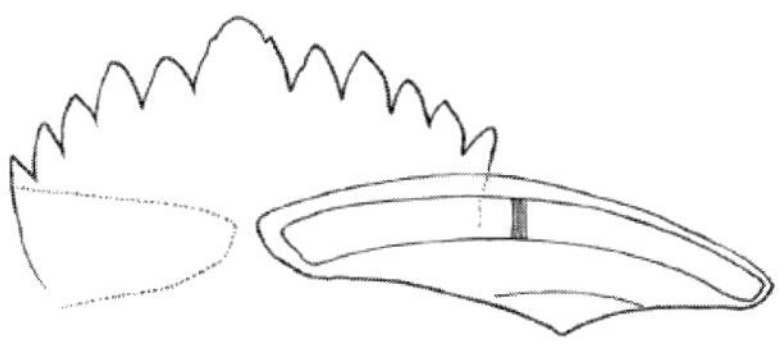

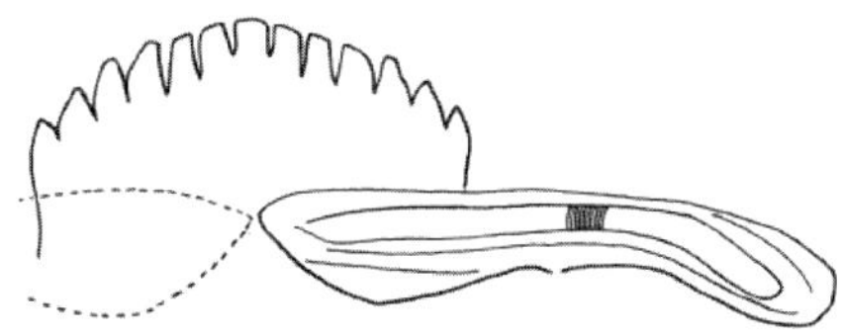

5(4') Premandible with 3 or more apical teeth .... 6'

5' Premandible apically bifid .... 8'

3 or more apical teeth

apically bifid

6(5') Claws of posterior parapods simple; pedicels of Lauterborn organs usually long .... *Tanytarsus* **(성충 미보고)**

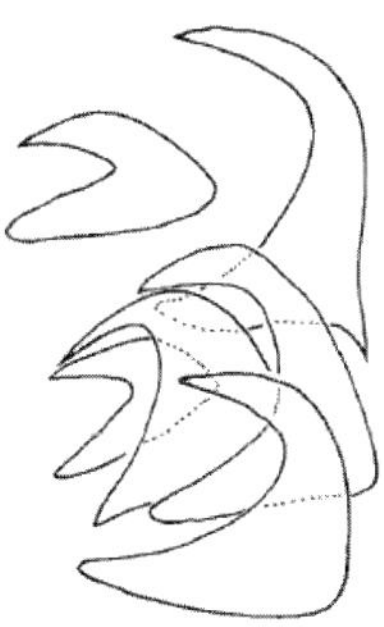

6' Claws of posterior parapods with one or more claws pectinate or with inner spines (figures below); pedicels of Lauterborn organs long or short 7

7(6') Some claws of posterior parapods with single row of inner teeth; pedicels of Lauterborn organs usually short (moderately long in one species); common .... *Cladotanytarsus*

7' Some claws of posterior parapods with multiple rows of inner teeth; pedicels of Lauterborn organs long; rare .... *Virgatanytarsus* **(성충 미보고)**

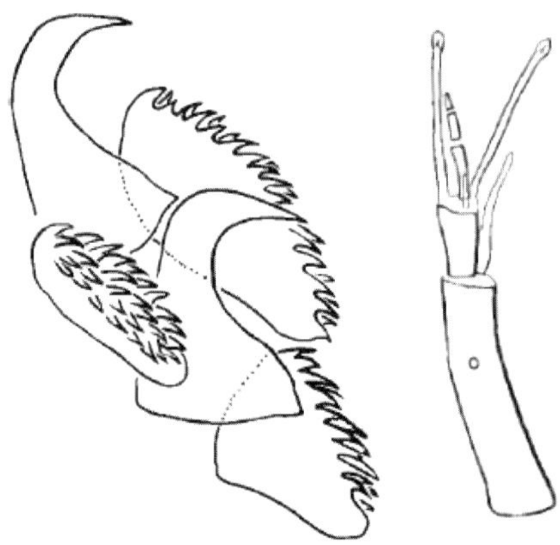

8(5') Pecten epipharyngis a 3-5 lobed plate .... **(성충 미보고)**

8' Pecten epipharyngis a single multitoothed comb or of 3 platelets with numerous apical teeth 9

9(8') Lauterborn organs on short pedicels that are shorter than or subequal to length of flagellum; pecten epipharyngis a single multitoothed comb; ventromental plates with striae often appearing block-like .... *Rheotanytarsus*

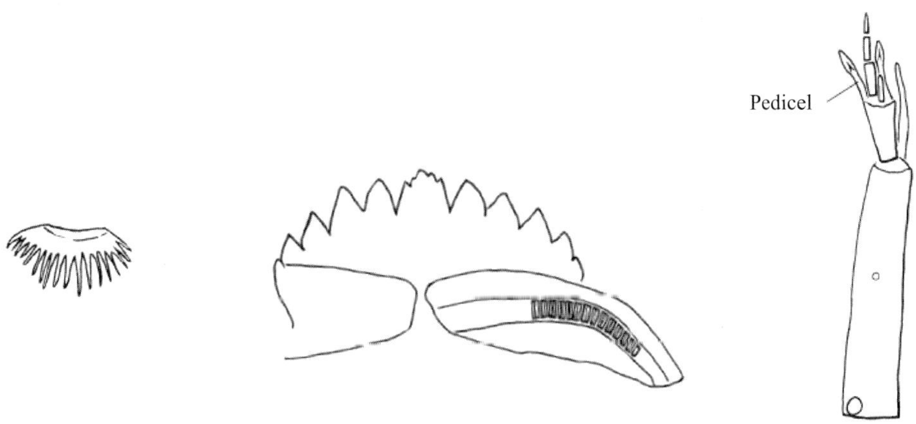

9' Lauterborn organs on long pedicels that extend beyond flagellum; pecten epipharyngis 3 multi-toothed platelets; ventromental plates with striae not appearing block-like .... *Micropsectra*

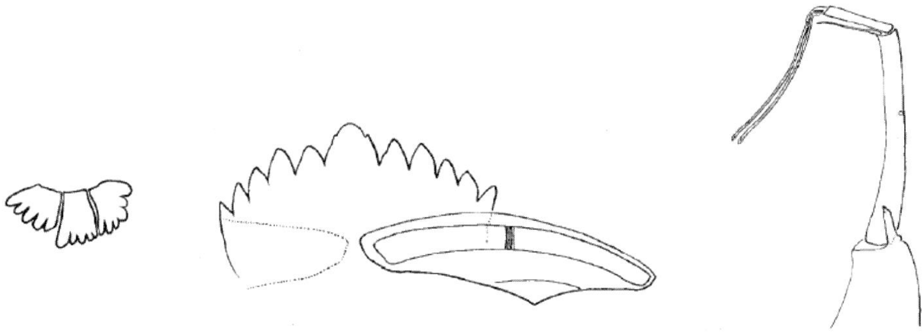

10(2') Ventromental plates touching or almost touching medially .... 11'

10' Ventromental plates separated medially by at least the width of the median tooth/teeth of the mentum .... Tribe Chironomini (in part) 14

11(10) Ventromental plates bar-like; seta subdentalis dorsal, on same side of mandible as seta interna .... Tribe Pseudochironomini .... **(성충 미보고)**

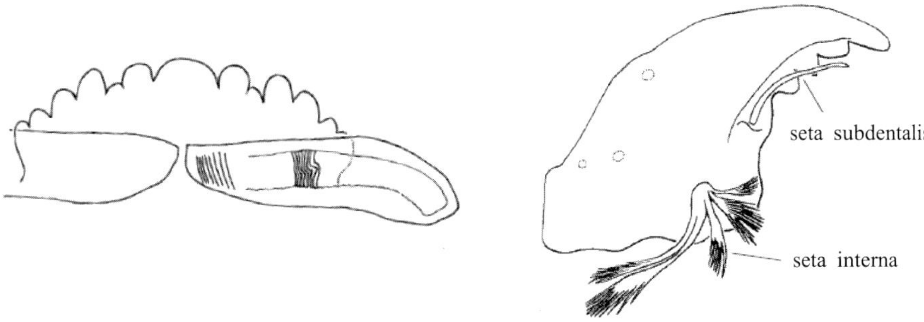

11' Ventromental plates crescent- or wedge-shaped or extremely broad; seta subdentalis ventral, on opposite side of mandible from seta interna (seta interna may be absent) .... Tribe Chironomini (in part) .... 12'

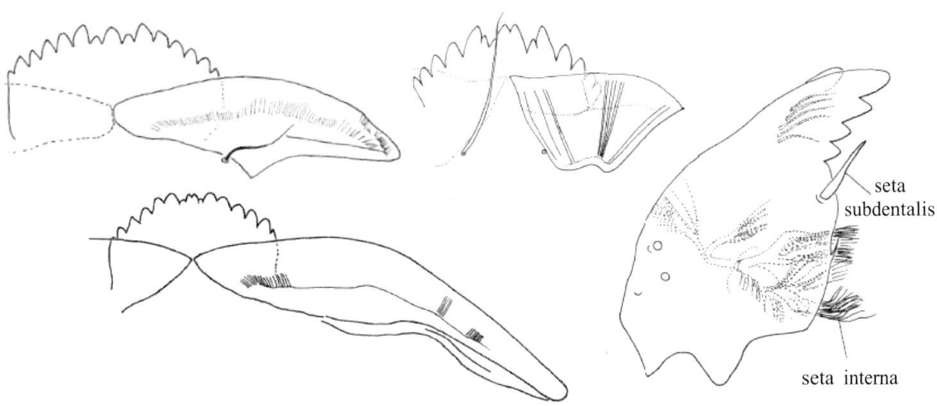

12(11') Ventromental plates wedge-shaped; antennae 6 segmented with alternate Lauterborn organs at apices of segments 2 and 3; larvae in transportable silken cases .... **(성충 미보고)**

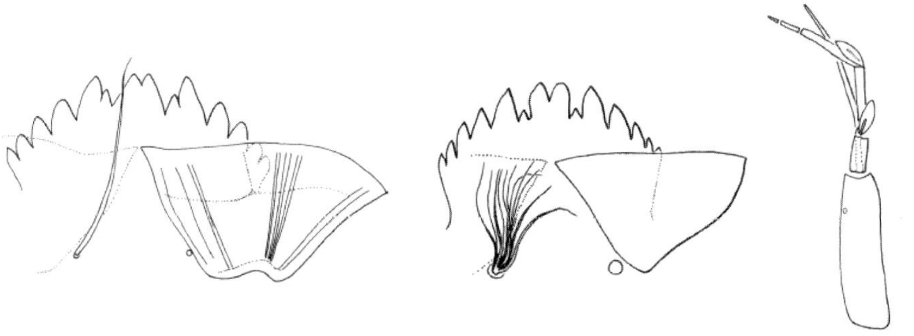

12’ Ventromental plates wider; antennae 5 segmented, Lauterborn organs at apex of sgement 2 only; larvae not in transportable silken cases .... 13’

13(12’) Premandibles with 3 or more apical/subapical teeth .... **(성충 미보고)**

13’ Premandibles apically bifid 14

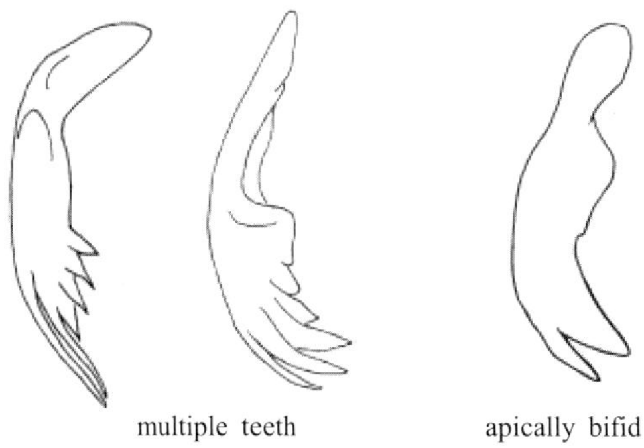

14(10’, 13’) Antennae with 6 well defined segments, with large Lauterborn organs at the apices of segments 2 and 3 15

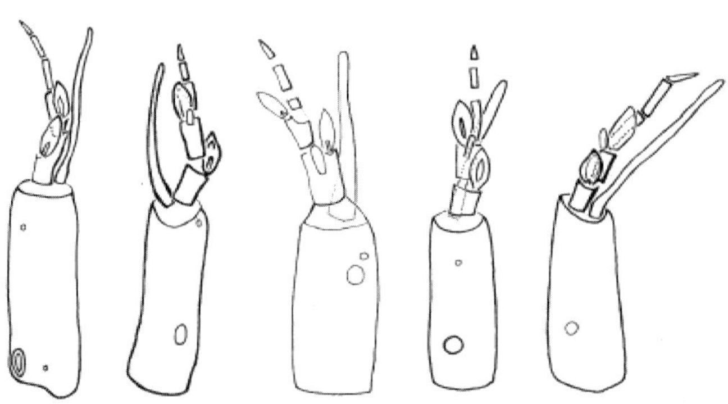

14’ Antennae with 4-7 segments, if 6 segments present then without alternate Lauterborn organs on segments 2 and 3 19

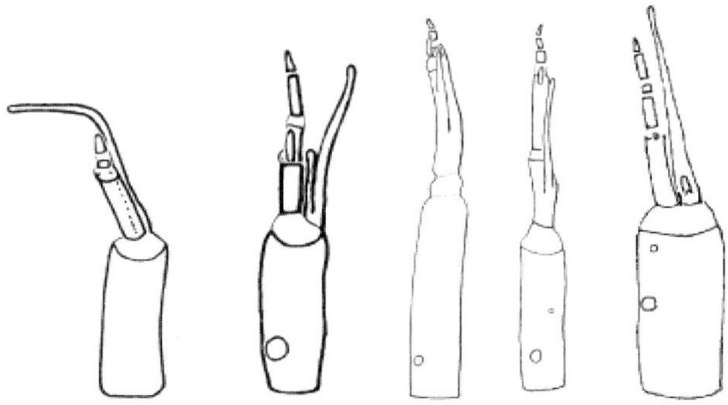

15(14) Mentum strongly arched, resembling a circular saw blade; mid-anterior margin of ventromental plate with notch .... *Harnischia* complex genus A

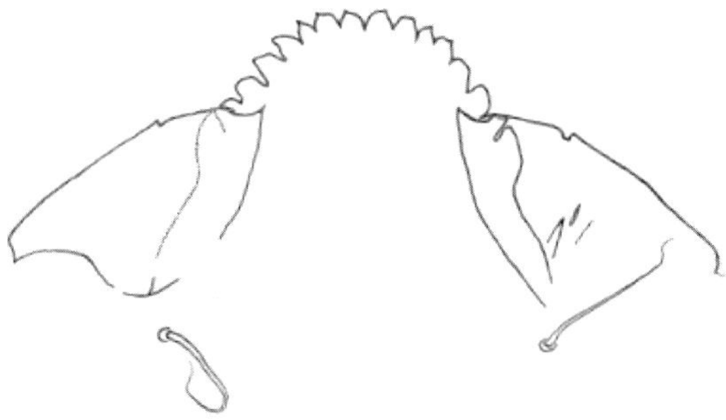

15' Mentum and ventromental plate not as above .... 16'

16(15') Mentum with single pale median tooth .... **(성충 미보고)**

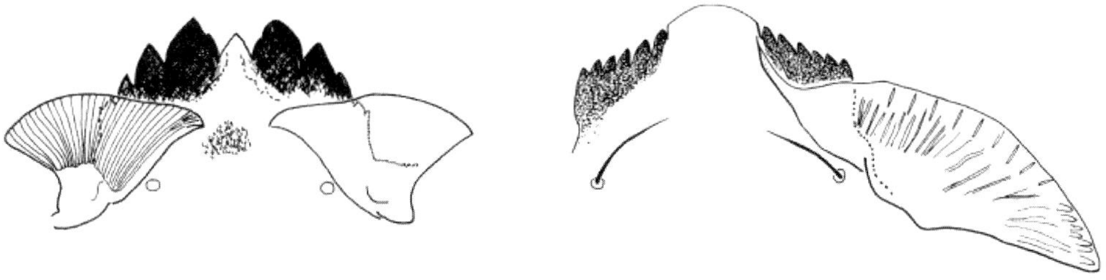

16' Mentum with 2 or more pale or dark median teeth 17

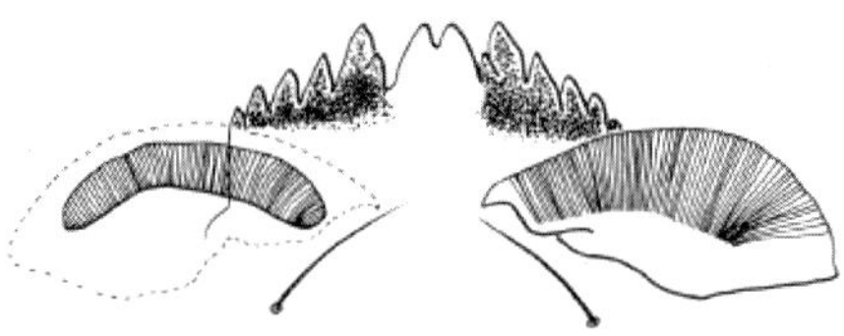

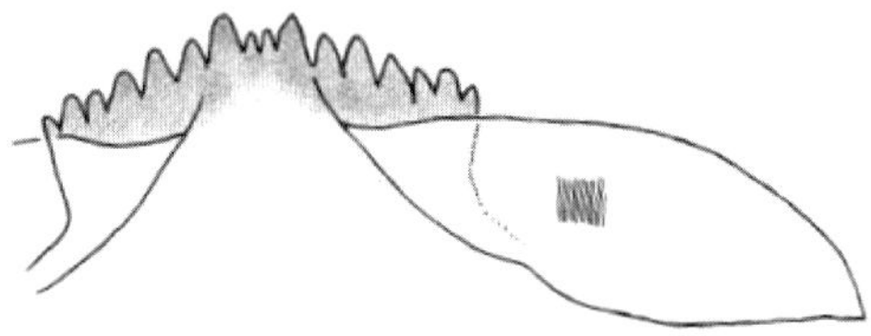

17(16') Mentum with 2-3 pale median teeth that are subequal to *2nd* lateral teeth .... 18'

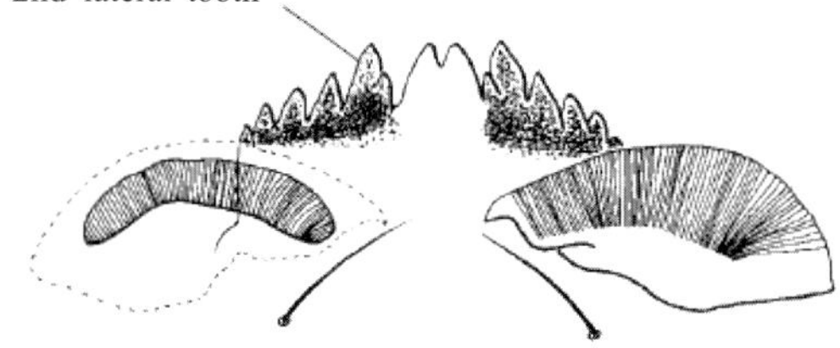

17' Mentum with dark median teeth or with 4 pale median teeth that are lower than 2nd lateral teeth .... **(성충 미보고)**

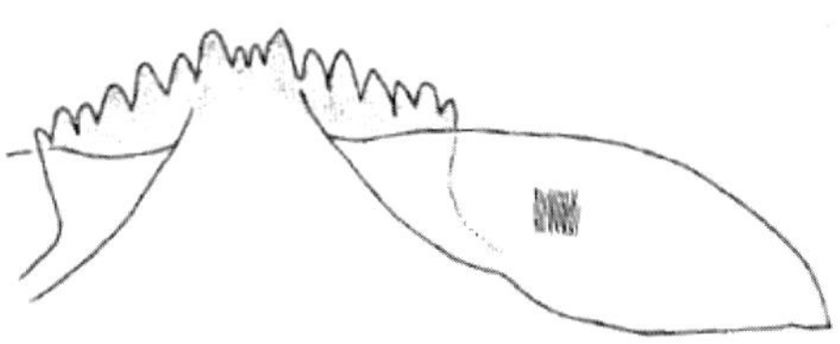

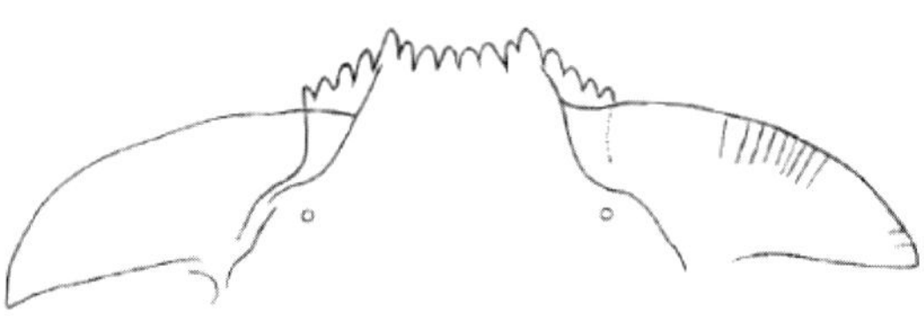

18(17) Mentum with 2 pale median teeth; maxillary plate striae well developed and more noticeable than ventromental plate striae; frontoclypeal apotome present; bases of S I fused .... *Apedilum* **(성충 미보고)**

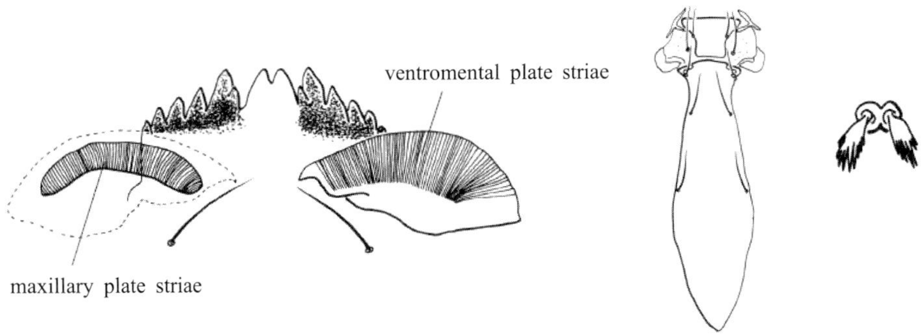

18' Mentum with 3 pale median teeth (central median tooth may be minute); ventromental plate striae coarse and distinct, maxillary plate striae difficult to discern; frontal apotome separated from clypeus by a straight suture; bases of S I separate or contiguous .... *Microtendipes*

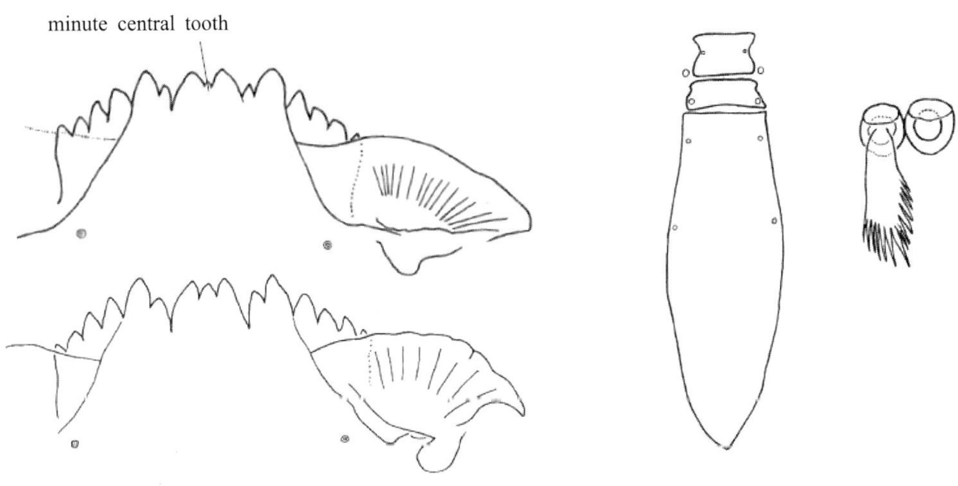

19(14') S I simple (with small accessory branches in some species of *Parachironomus*, but never plumose); S II often large and bladelike; mandible without dorsal tooth/teeth; labral lamella usually absent; pecten epipharyngis rounded or subtriangular, consisting of a single plate or scale that may be simple, serrated, notched or toothed .... the *Harnischia* complex (in part) .... 20'

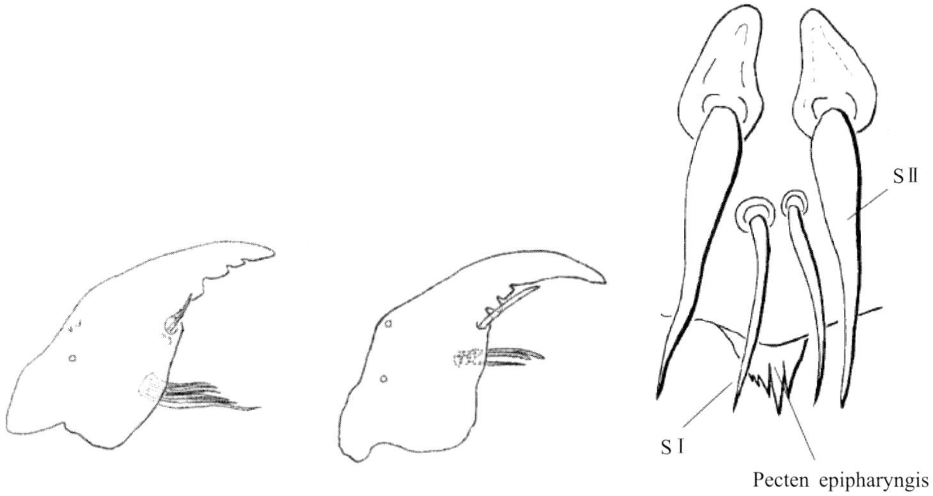

19' S I plumose or fringed on at least one margin; S II usually not large and blade-like; labral lamella present; mandible usually with dorsal tooth/teeth; pecten epipharyngis a wide multitoothed comb or of 3 platelets that are usually apically toothed (but may be smooth) 30

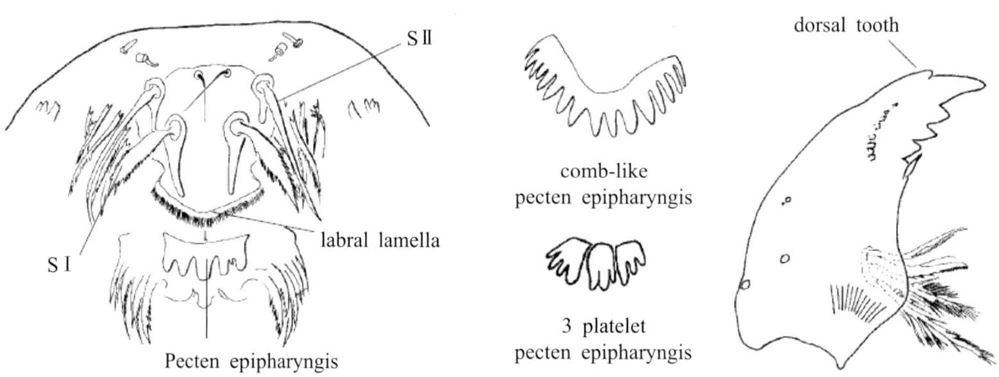

20(19) Mentum toothless, with about 15 anteriorly directed seta-like projections; mandible with dense fringe of setae on outer margin .... *Harnischia* complex genus B **(성충 미보고)**

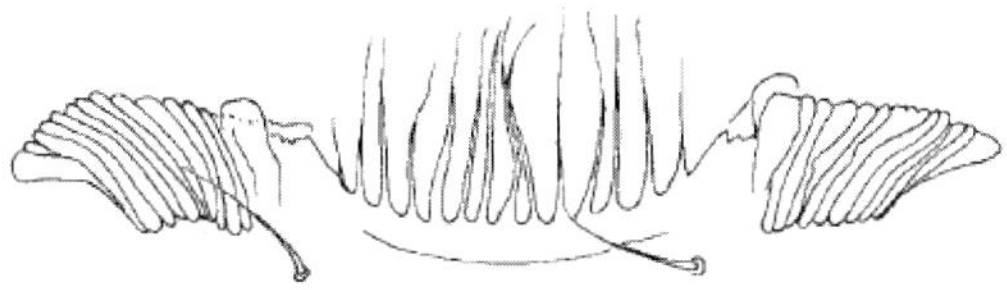

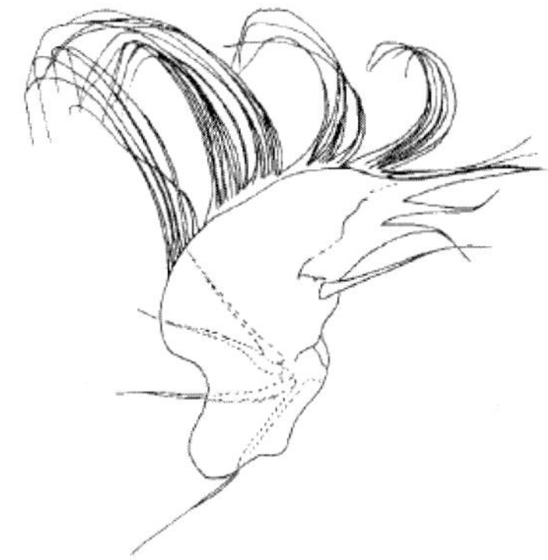

20' Mentum and mandible not as above 21

21(20') Mentum concave, with broad pale median tooth flanked by dark well sclerotized teeth that point inward; ventromental plates at least 3X wider than long .... 22'

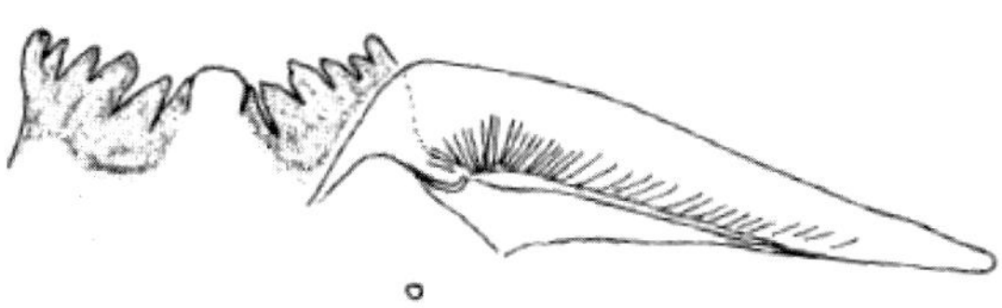

21' Mentum convex (arched) or linear; or if concave than mentum completely pale; ventromental plates less than 2X as wide as long .... 45'

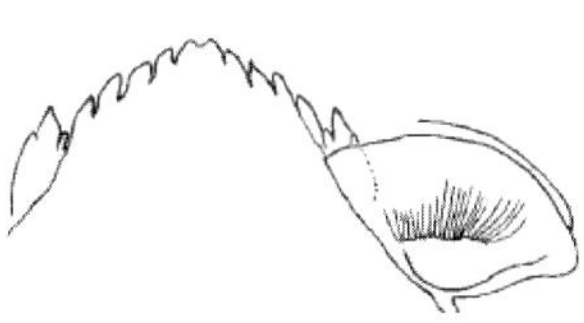

convex

linear

concave but pale

22(21) Antennae with 7 segments; mentum with 7 pairs of usually dark lateral teeth .... *Demicryptochironomus* **(성충 미보고)**

22' Antennae with 5 segments; mentum with 4-5 pairs of dark lateral teeth 23

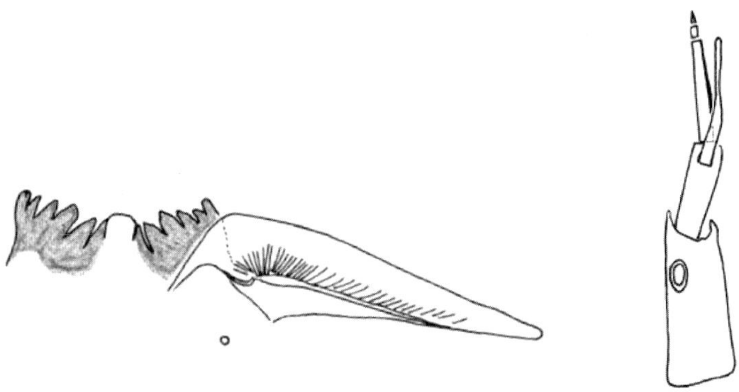

23(22') Antennal segment 3 weakly sclerotized; mandible with weak pecten mandibularis; ventromental plate about 3X as wide as long; known only from south Florida .... *Harnischia* complex genus D

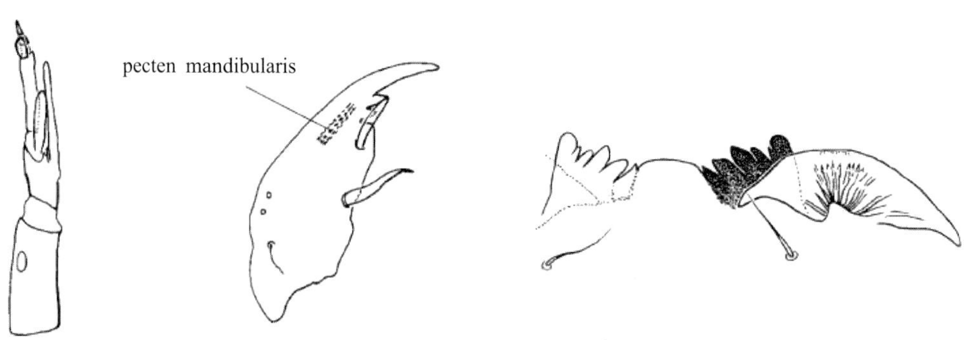

23' Antennal segment 3 well sclerotized; mandible without pecten mandibularis; ventromental plate frequently more than 3X as wide as long; widespread 24

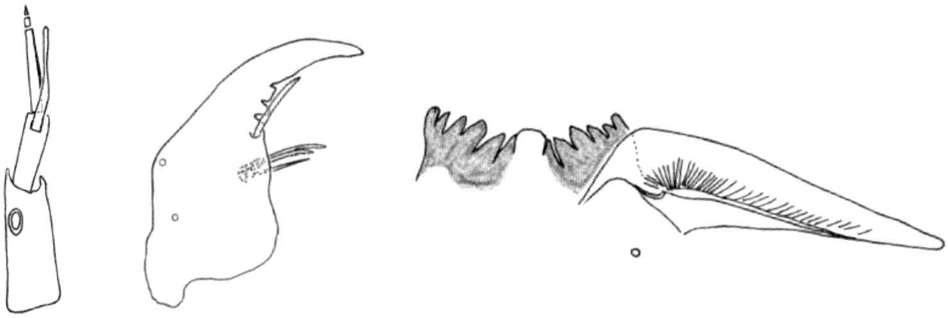

24(23') Pecten epipharyngis a deeply trilobed scale; S I well developed, at least 1/2 as long as S II; premandible with weak brush .... *Cryptochironomus*

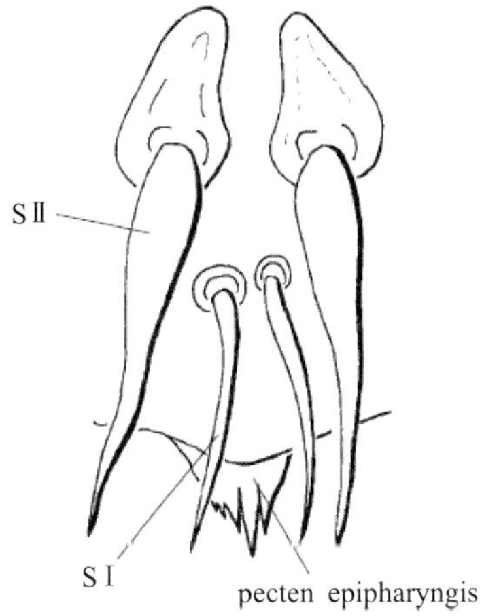

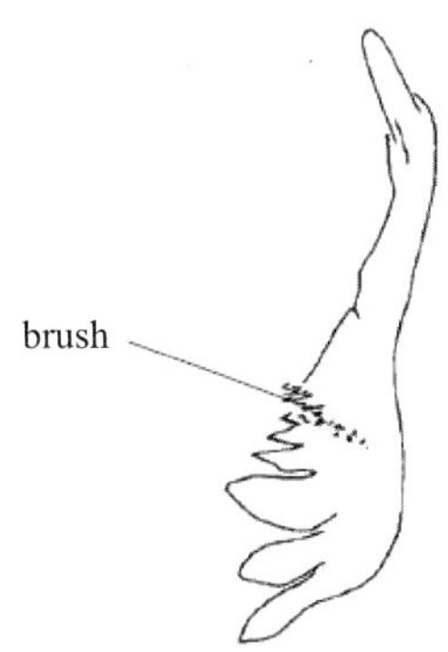

24' Pecten epipharyngis a weakly trilobed scale; S I minute, less than 1/5 length of S II; premandible without brush .... *Gillotia* **(성충 미보고)**

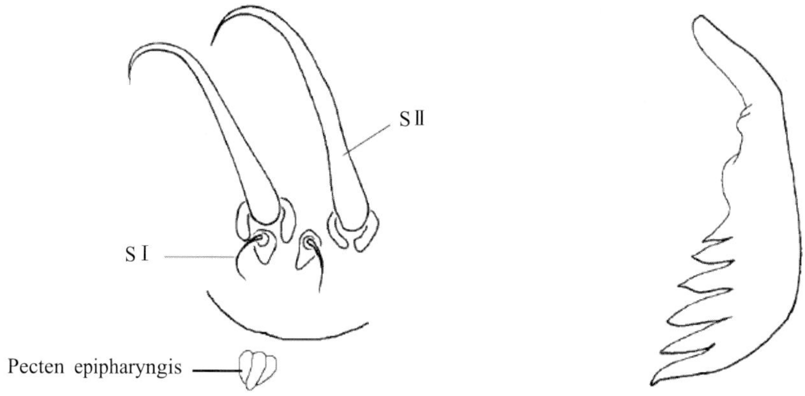

25(21') Mandible without inner teeth (rarely with 1 inner tooth); mentum concave, with pale lateral teeth; antennae as long as head capsule, weakly sclerotized, with 8 difficult to distinguish segments .... *Chernovskiia* **(성충 미보고)**

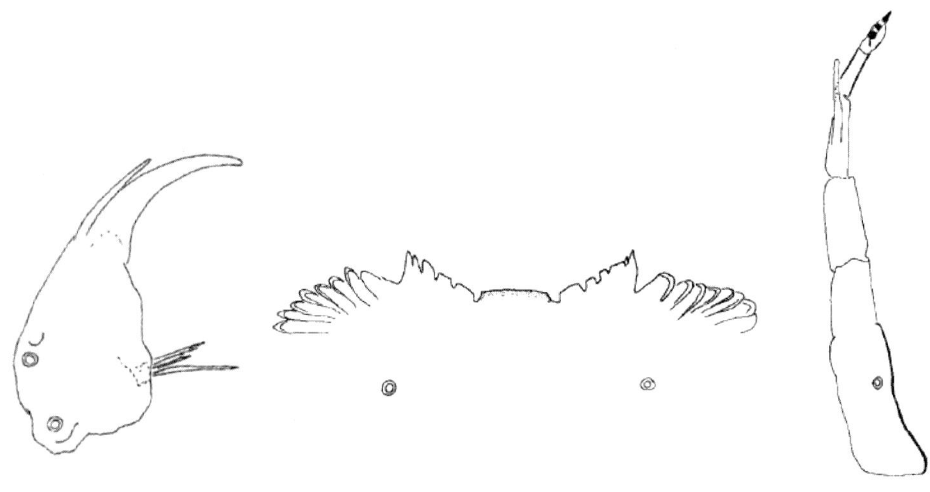

25' Mandible with at least 2 inner teeth or notches indicating teeth; mentum convex or linear; antennae with 5-7 variably sclerotized segments 26

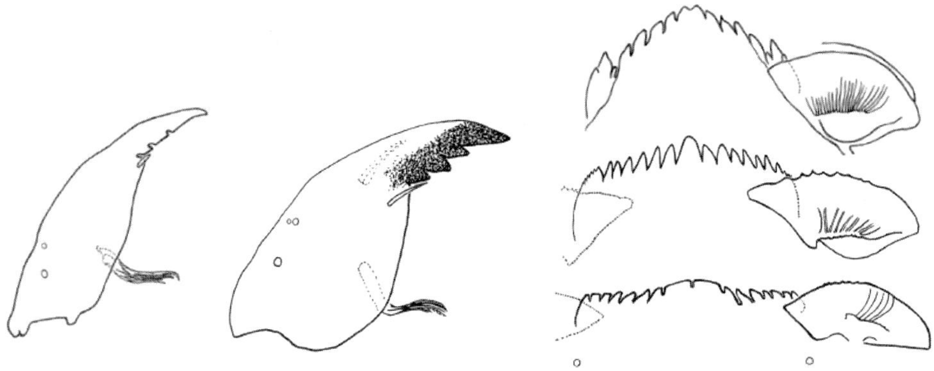

26(25') Antennae with 5 segments 27

26' Antennae with 6-7 segments 28

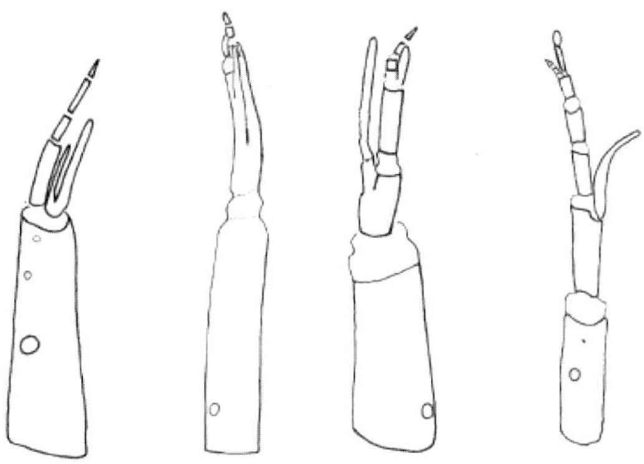

5 5 6 7

27(26) Pecten epipharyngis a wide plate with numerous apical teeth (deeply trifid in *P. alatus*); premandible with 2-4 teeth, without brush .... *Parachironomus*

P. alatus

27' Pecten epipharyngis a simple plate with or without weak distal lobes; premandible apically bifid, with brush OR pecten epipharyngis a shallowly trifid triangular scale (if deeply trifid then basal segment of maxillary palp almost as long as first antennal segment) and premandible with several small inner teeth and with or without brush .... **(성충 미보고)**

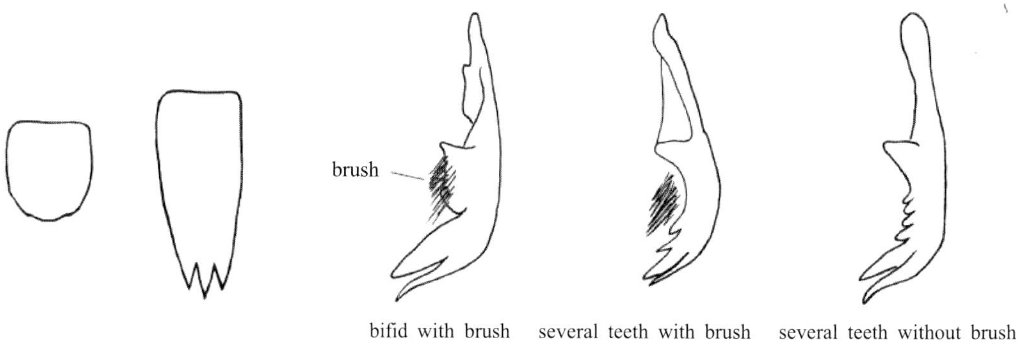

28(26') Antenna with 6 segments; mandible with seta interna 29

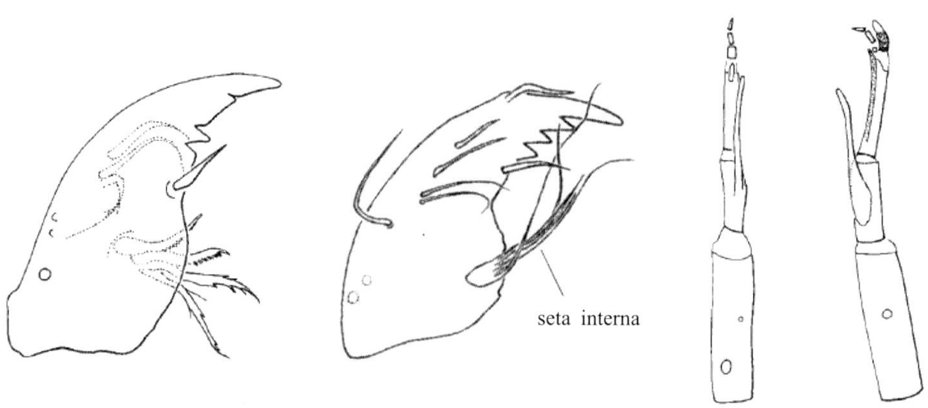

28' Antenna with 7 segments; mandible without seta interna .... **(성충 미보고)**

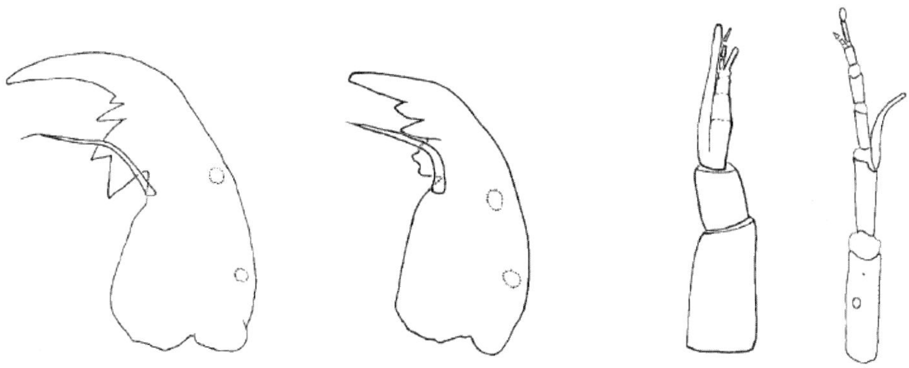

29(28) Each procercus with one very long anal seta that is about 4-5X as long as supraanal setae; anterior parapods with large claws that are about 2/3 length of head capsule; mentum with moderately broad median tooth and 5 pairs of lateral teeth .... *Harnischia* complex genus C

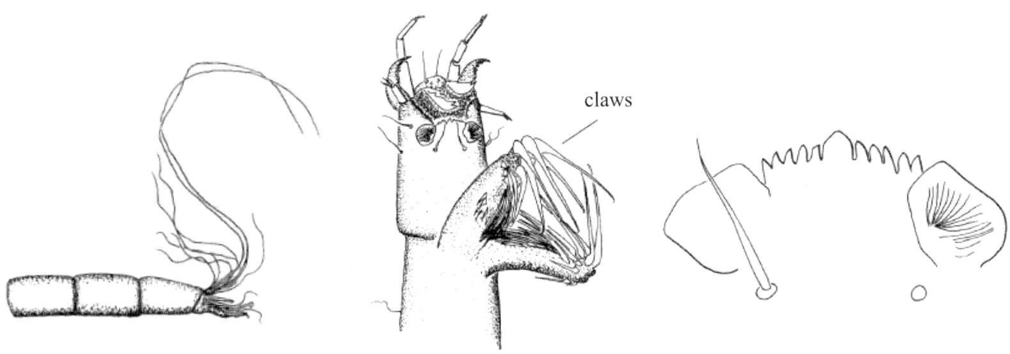

29' Anal setae not as long, slightly longer than supraanal setae; anterior parapod claws at most 0.4 length of head capsule; if mentum with broad median tooth, then with 6 or more pairs of lateral teeth .... **(성충 미보고)**

30(19') Penultimate body segment with 1-2 pairs of ventral tubules 31

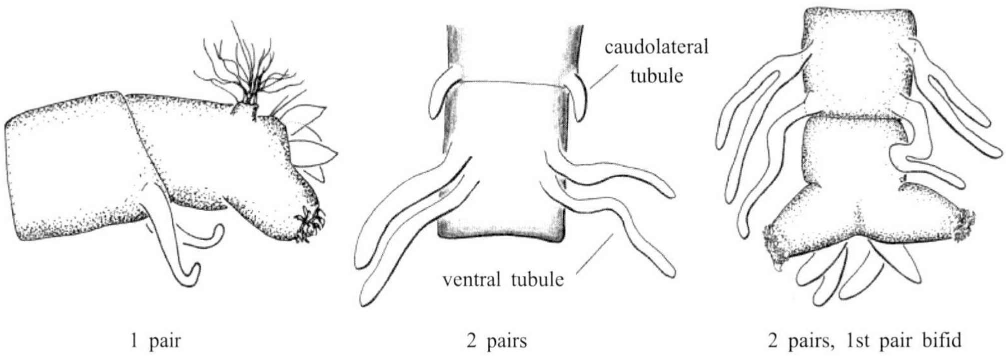

30' Penultimate body segment without ventral tubules, although rudimentary knob-like swellings may be present 38

31(30) Mandible with a row of radially arranged striae near base 32

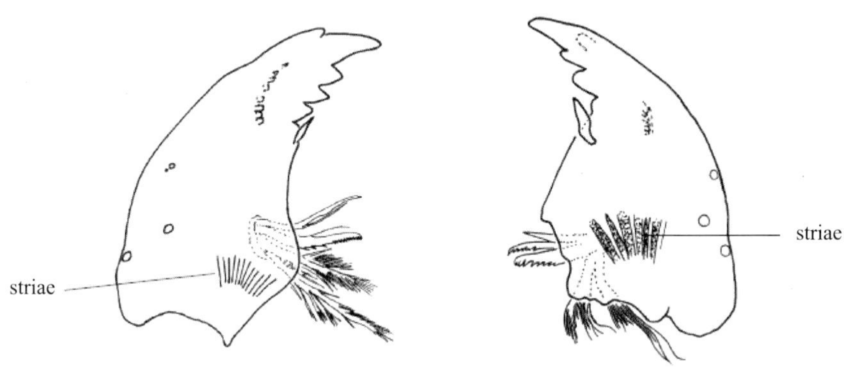

31' Mandible without a row of radially arranged striae near base .... 33'

32(31) Mentum with median tooth projecting far beyond lateral teeth and 5th lateral tooth larger than 4th or 6th; pecten epipharyngis of 3 scales covered with minute spinules; 1 pair of ventral tubules .... *Einfeldia* (in part)

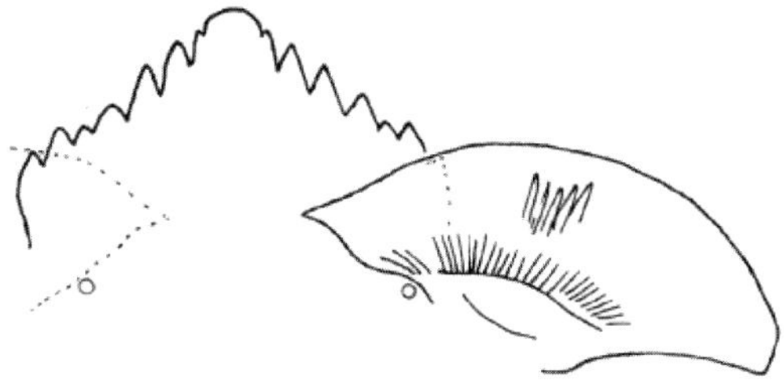

32'　Median tooth of mentum not projecting far beyond lateral teeth; pecten epipharyngis a broad multitoothed comb; 1 or 2 pairs of ventral tubules ..... *Chironomus* (in part)

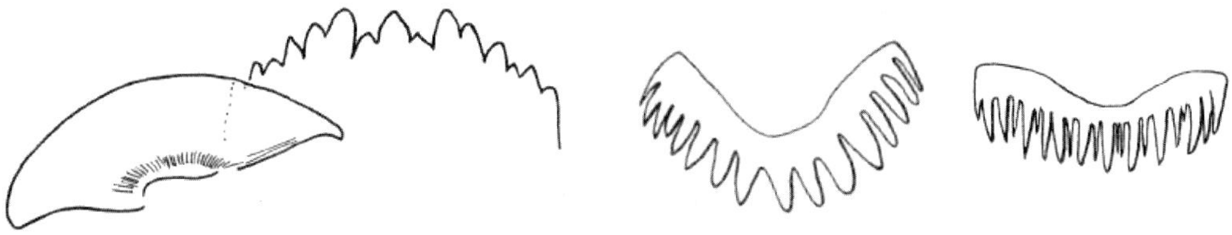

33(31') Premandible with 5 or more apical/subapical teeth .... *Kiefferulus* (in part) **(성충 미보고)**

33'　Premandible apically bifid .... 34'

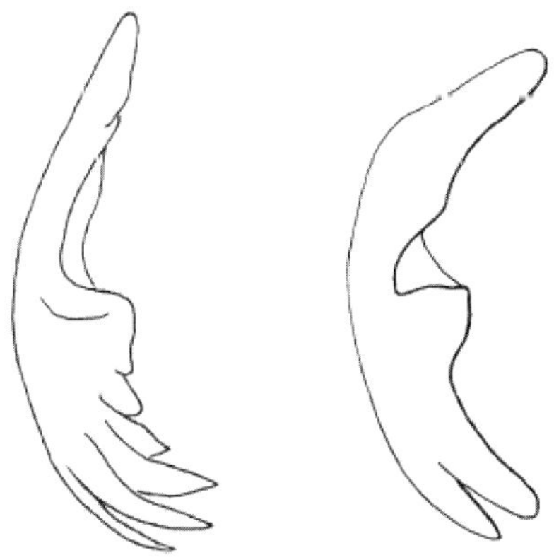

Kiefferulus

34(33) Seta subdentalis with toothed or fringed ventral margin .... *Goeldichironomus* (in part) **(성충 미보고)**

34' Seta subdentalis simple .... 35'

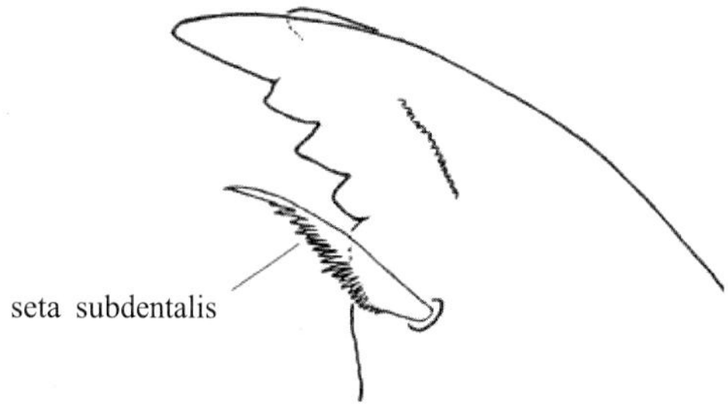

Goeldichironomus

35(34') Mandible with 2 inner teeth; larvae mining in sponges, bryozoans or plants .... *Demeijerea* **(성충 미보고)**

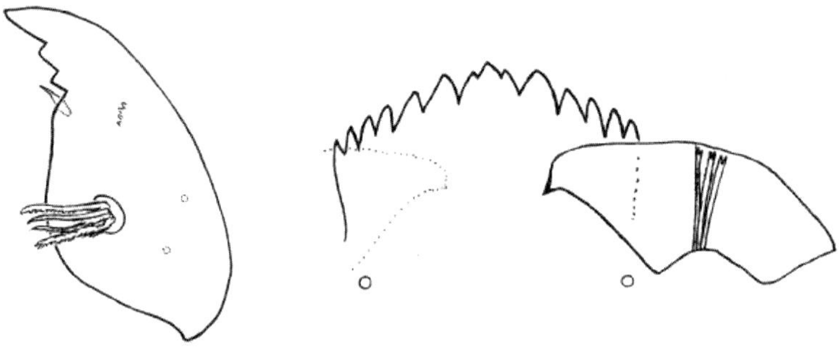

35' Mandible with 3 inner teeth; larvae free-living or mining in decaying wood or plants 36

36(35') Width of ventromental plate less than width of mentum; pecten epipharyngis with fewer than 10 usually blunt lobes .... *Dicrotendipes* (in part)

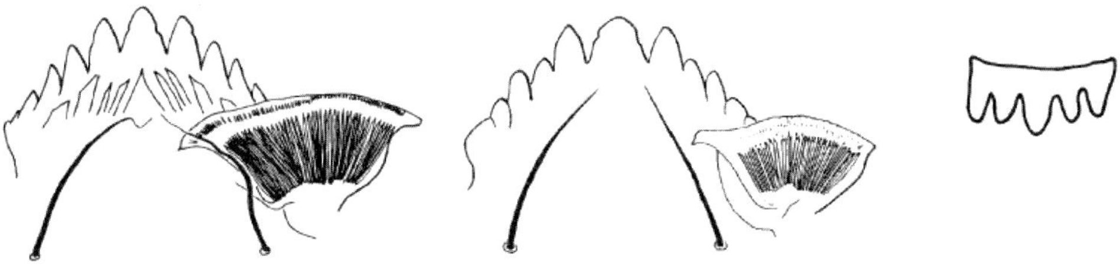

36' Width of ventromental plate greater than or subequal to width of mentum; pecten epipharyngis a comb with 10 or more teeth or weakly tripartite and covered with minute spinules 37

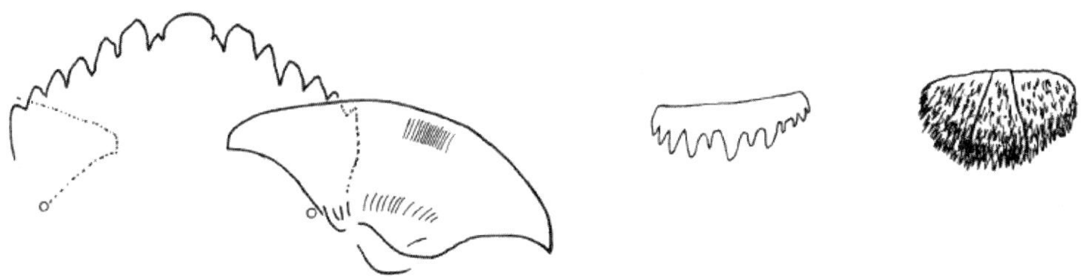

37(36') Dorsum of head with 1 medial labral sclerite anterior to frontoclypeal apotome; apotome with large apotomal fenestra .... *Einfeldia* (in part)

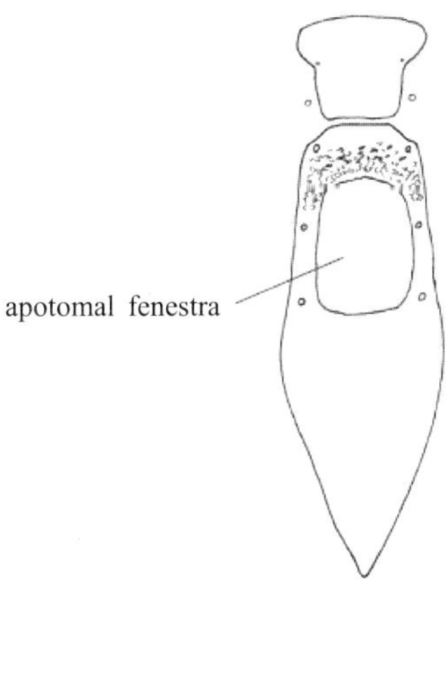

37' Dorsum of head with 2 medial labral sclerites anterior to frontal apotome; apotome without apotomal fenestra .... *Glyptotendipes* (in part) **(성충 미보고)**

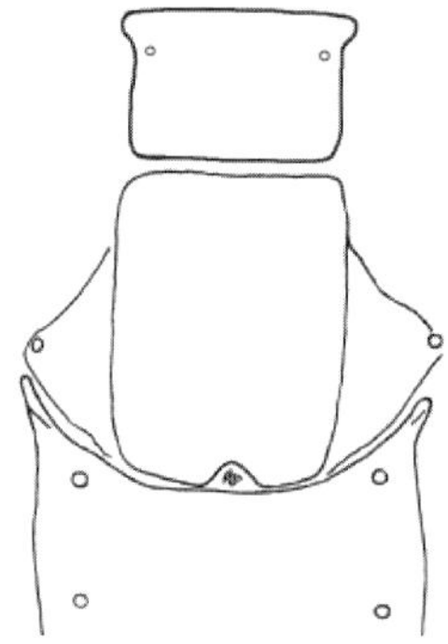

38(30') Mentum with median tooth or teeth sunken, lower than 1st or 2nd lateral teeth .... 39'

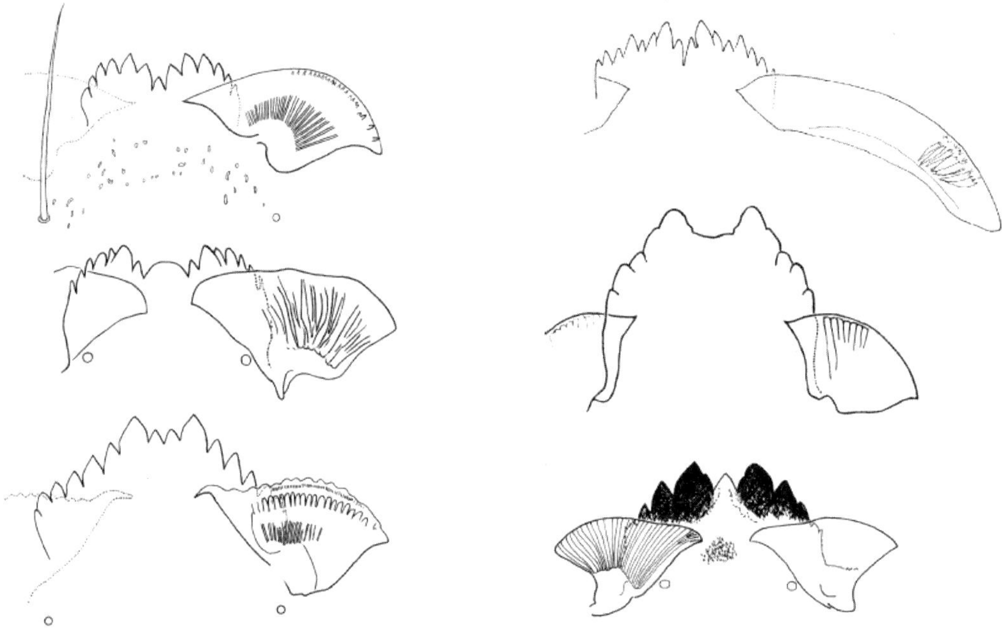

38' Mentum with median teeth higher than or subequal to 1st or 2nd lateral teeth 45

39(38) Median tooth pale; antenna with large Lauterborn organs at apices of segments 2 and 3 .... *Beardius* (in part) **(성충 미보고)**

39' Median tooth dark; antennae with Lauterborn organs at apex of segment 2 only .... 40'

40(39') Antennae 6 segmented (with minute 4th segment); ventromental plates very broad; mandible with enlarged seta subdentalis and without seta interna and pecten mandibularis .... *Fissimentum* **(성충 미보고)**

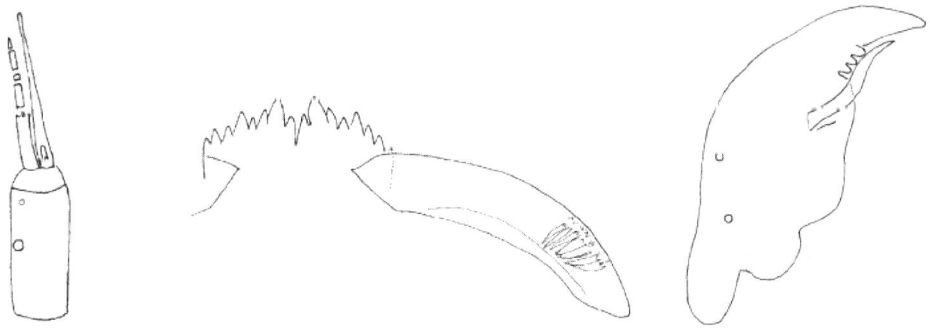

40' Antennae 5 segmented; mentum and mandible not as above .... 41'

41(40') Mentum with 2 median teeth or teeth worn so that mentum has broad U-shaped median gap 42

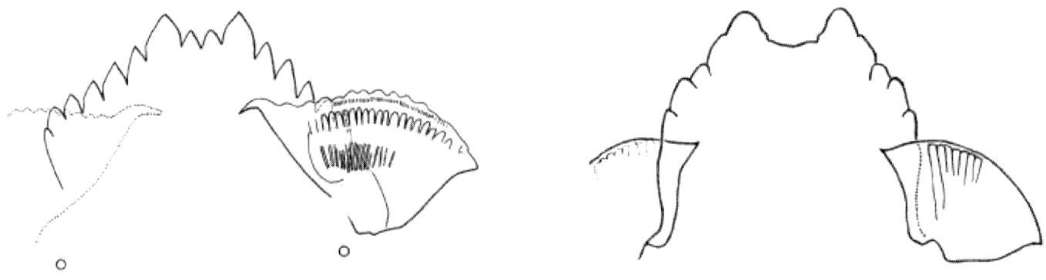

41' Mentum with single median tooth .... 43'

42(41) Anterior of frontal apotome narrowed, with 2 medial labral sclerites anterior to it; S 3 not placed on apotome .... *Hyporhygma* **(성충 미보고)**

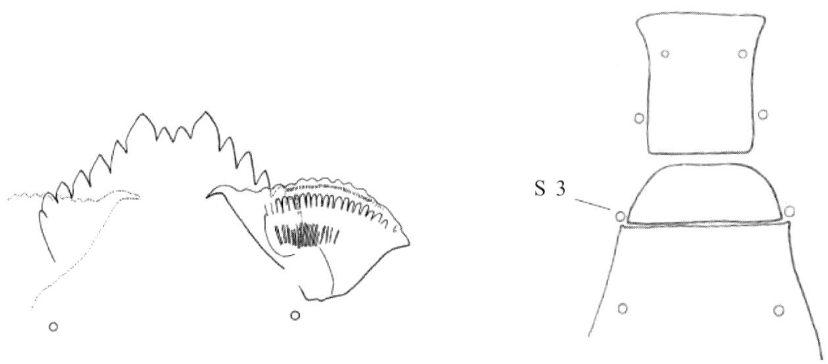

42' Anterior of frontoclypeal apotome broadened, with 1 labral sclerite anterior to it; S 3 placed anterolaterally on apotome .... Polypedilum (in part)

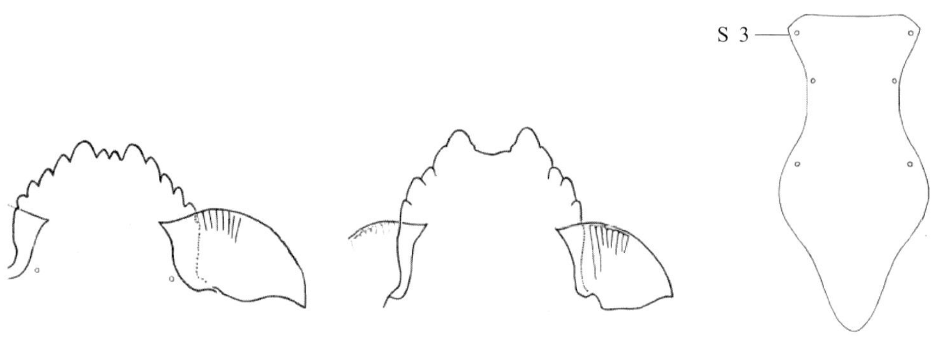

43(41') Labrum with large brush of setae on each side; frontoclypeal apotome with 3 medial sclerites anterior to it; mining in sponges .... *Xenochironomus* **(성충 미보고)**

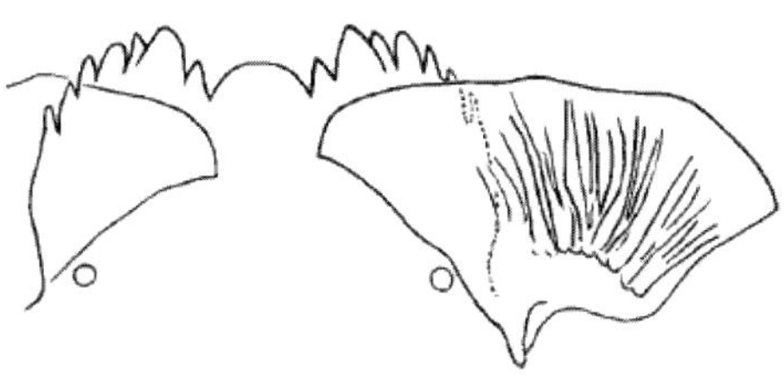

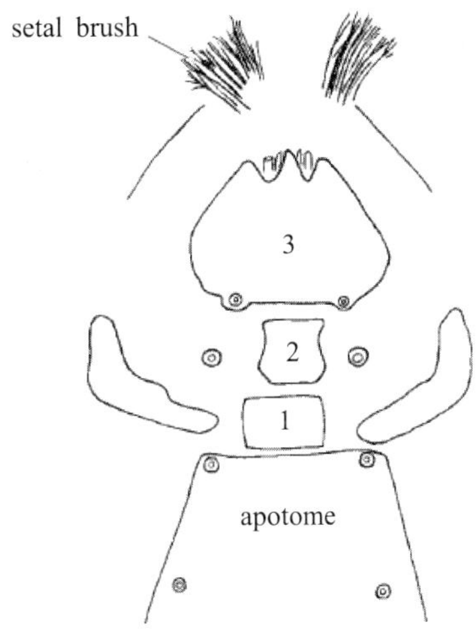

43' Labrum without large anterolateral setal brushes; apotome with 1 or 2 medial labral sclerites anterior to it; not mining in sponges .... 44'

44(43') Head capsule rectangular; mentum with median tooth deeply sunken; mandible without seta interna or pecten mandibularis; frontal apotome with 1 medial labral sclerite anterior to it .... *Stelechomyia* **(성충 미보고)**

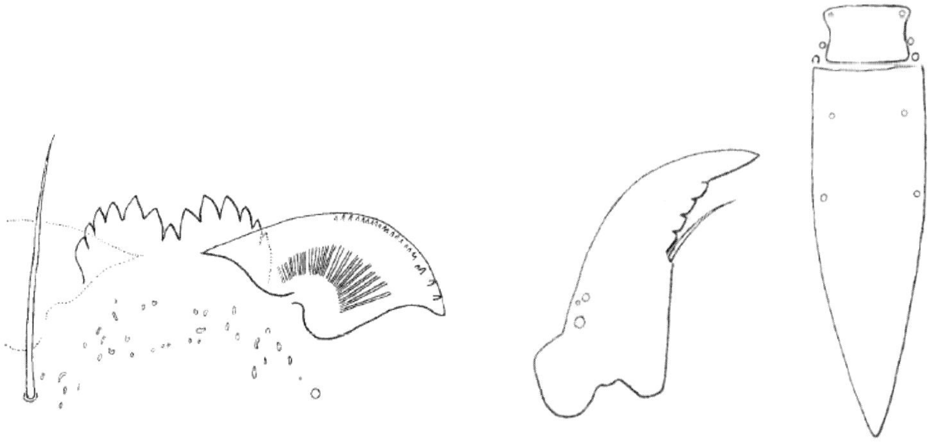

44’ Head capsule more rounded; mentum with medial tooth not as deeply sunken; mandible with seta interna and pecten mandibularis; frontal apotome with 2 medial labral sclerites anterior to it .... 45’

45(38’, 44’) Mentum (or at least median tooth) and mandibular teeth pale; mandible with 4 or more inner teeth and 1-2 dorsal teeth .... **(성충 미보고)**

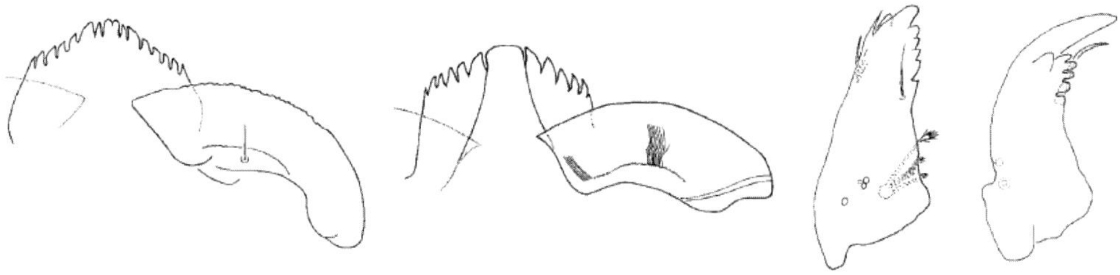

45’ Mentum and mandibular teeth brown to black; mandible with 2-3 inner teeth and 1 dorsal tooth 46

46(45’) Mentum with an odd number of teeth 47

46’ Mentum with an even number of teeth or median tooth bifid 54

47(46) Pecten epipharyngis a single plate with multiple lobes or teeth .... 48’

47’ Pecten epipharyngis comprised of 3 apically toothed platelets .... 52’

48(47) Seta subdentalis with toothed or fringed ventral margin ..... *Goeldichironomus* (in part)

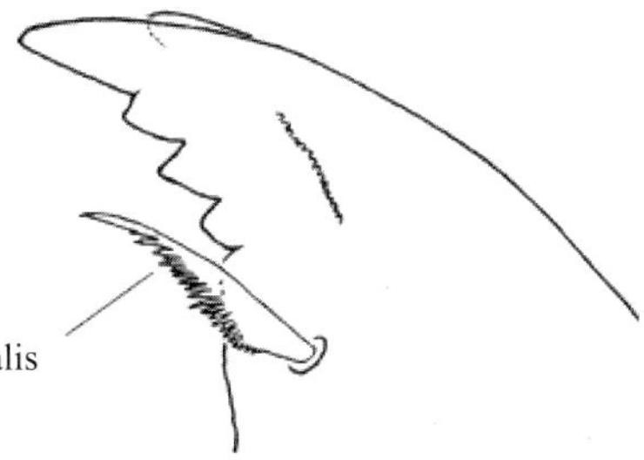

48' Seta subdentalis simple 49

49(48') Mandible with basal row of radially arranged striae; frontoclypeal apotome with 1 medial labral sclerite anterior to it .... *Chironomus* (in part)

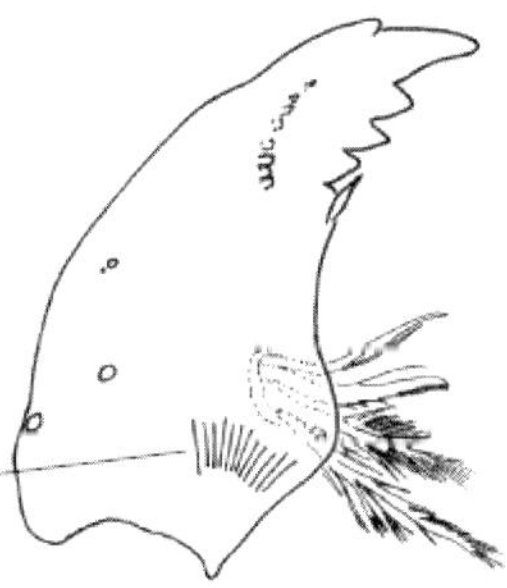

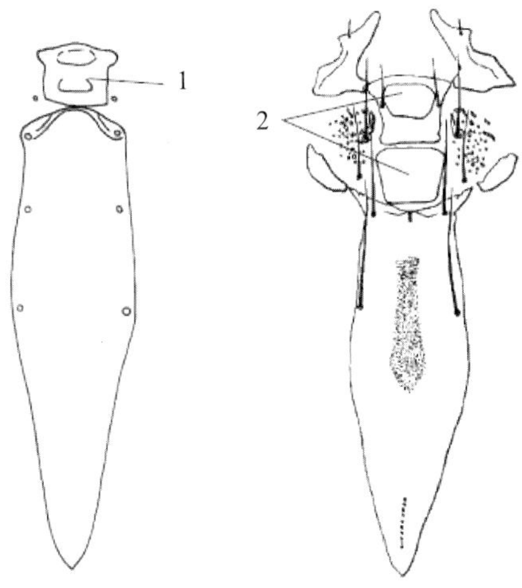

frontoclypeal apotome with 1 medial labral sclerite

frontal apotome with 2 medial labral sclerites

49' Mandible without basal row of radially arranged striae; apotome with 2 medial labral sclerites anterior to it 50

50(49') Mandible with proximal inner tooth reduced and distal inner tooth appressed to apical tooth .... *Glyptotendipes* (in part)

50' Mandible with inner teeth fully developed 51

51(50') Width of ventromental plate less than width of mentum; pecten epipharyngis with fewer than 10 usually blunt lobes; frontal apotome usually with frontal pit (absent in 1 species) or semiquadrate apotomal fenestra .... *Dicrotendipes* (in part)

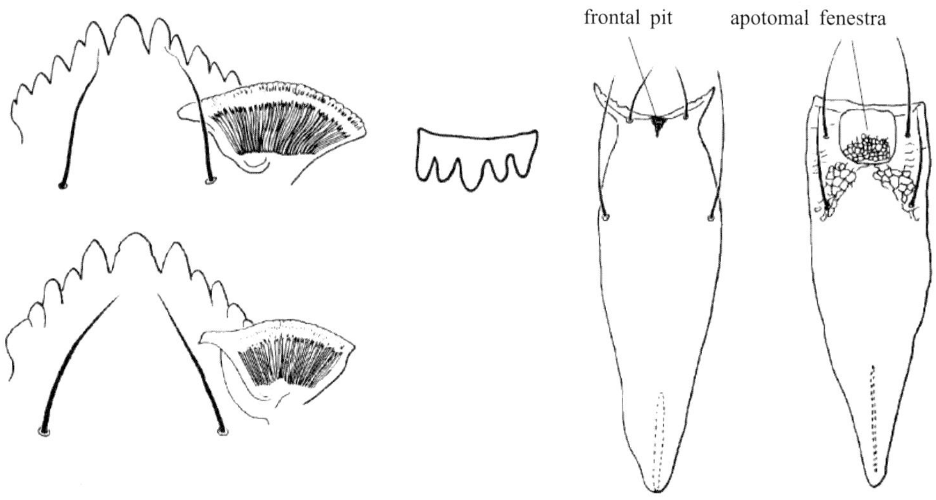

51' Width of ventromental plate greater than width of mentum; pecten epipharyngis with 10 or more pointed teeth; frontal apotome without frontal pit (posterior margin of labral sclerite 1 may have a small pit); if apotomal fenestra present it is elongate-oval .... Glyptotendipes (in part)

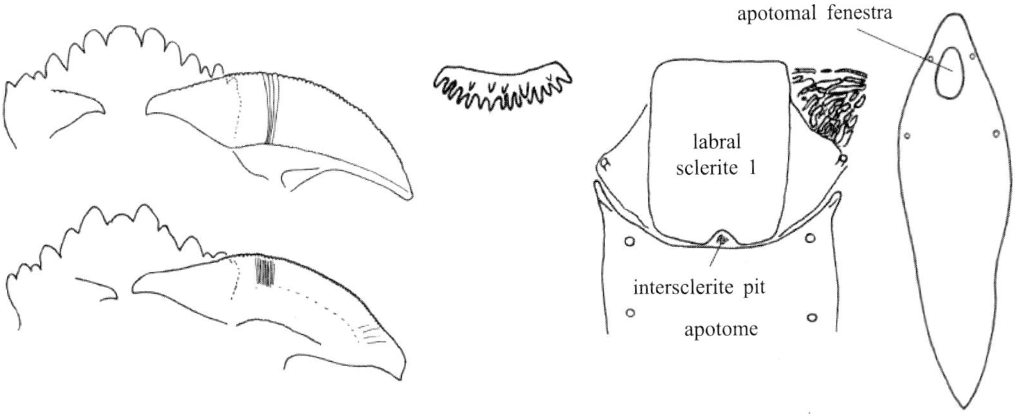

52(47') Mandible with deeply incised area at base of inner teeth; mentum strongly arched, with 11-13 teeth .... *Endotribelos* (성충미보고)

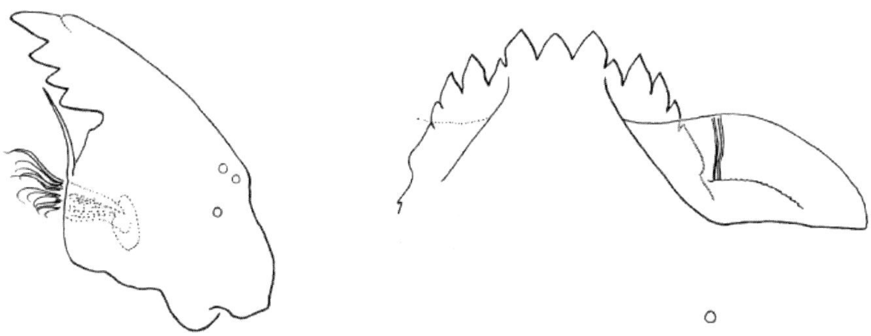

52' Mandible without incised area; mentum not strongly arched, with 15 teeth 53

53(52') Ventromental plate thinner, more elongate; anterior margin of cardo tuberculate .... *Endochironomus* (in part)

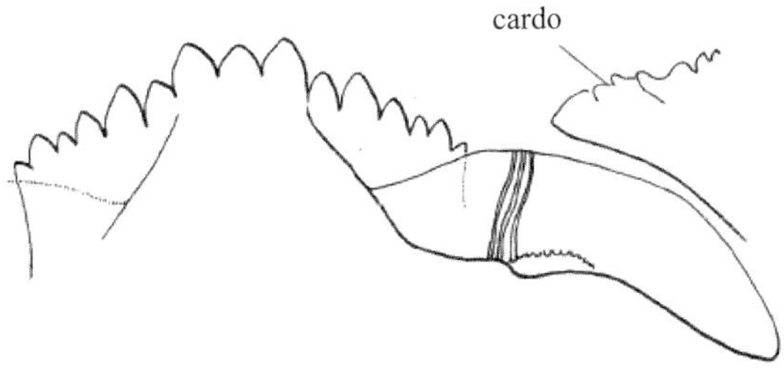

53'　Ventromental plate more squat; anterior margin of cardo smooth .... Chironomini genus III (성충미보고)

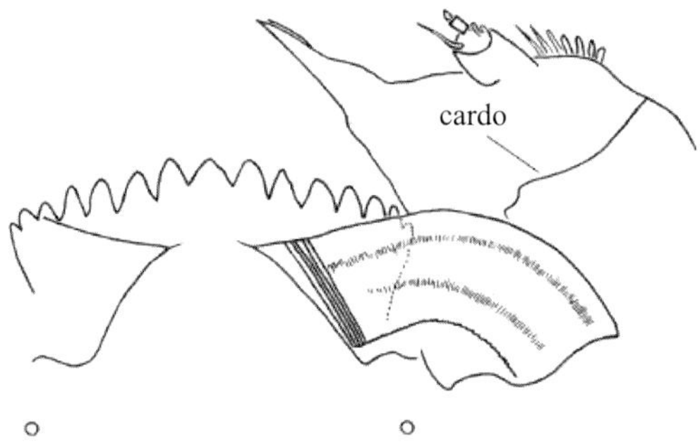

54(46') Mentum distinctive, with 1st lateral teeth much lower than median and 2nd lateral teeth .... *Polypedilum* (in part)

54'　Mentum not as above 55

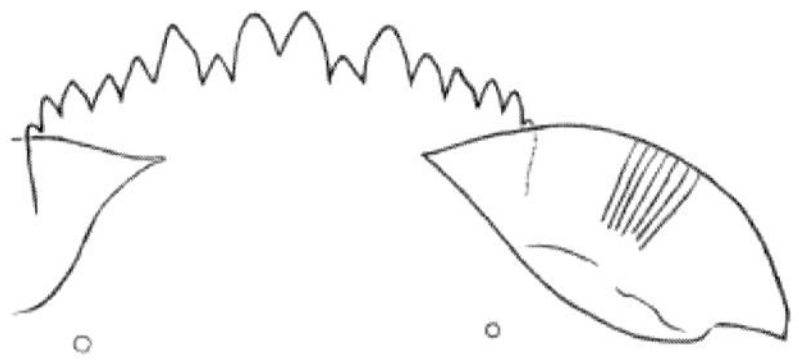

55(54') Mentum with teeth mostly equal in size, gradually smaller laterally .... *Polypedilum* (in part)

55'　Mentum not as above 56

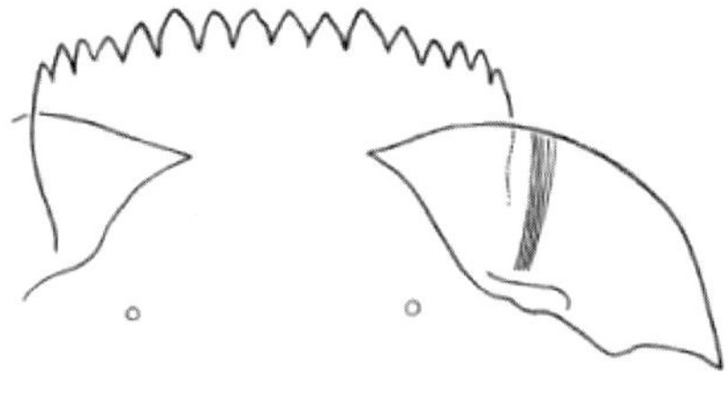

56(55') Mentum rounded in outline; ventromental plates teardrop shaped, with setae submenti placed on plates .... *Polypedilum* (in part)

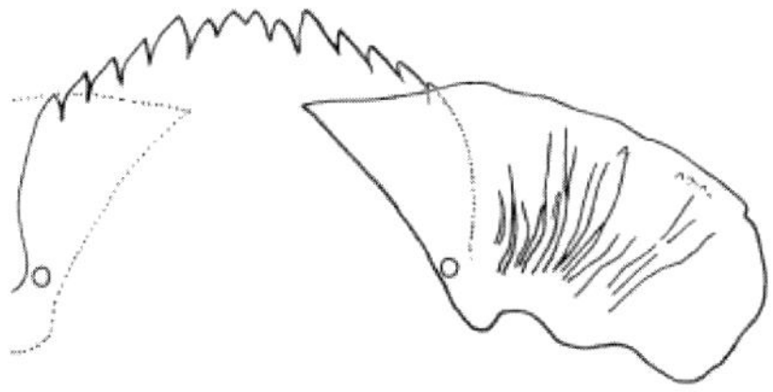

56' Mentum and ventromental plates more linear; setae submenti placed posterior to ventromental plates .... 57'

57(56') Ventromental plate with several strong crenulations on anterior margin; mentum with 14 teeth .... Chironomini genus IV (성충미보고)

57' Ventromental plate with finely crenulated or smooth anterior margin; mentum with 14 or 16 teeth 58

58(57') Mentum with 4 median teeth not separated by a line than runs posteriorly to the anteromedian corner of the ventromental plates; dorsum of head with a frontoclypeal apotome with a straight anterior margin; S 3 setae placed on anterolateral lobes .... *Polypedilum* (in part)

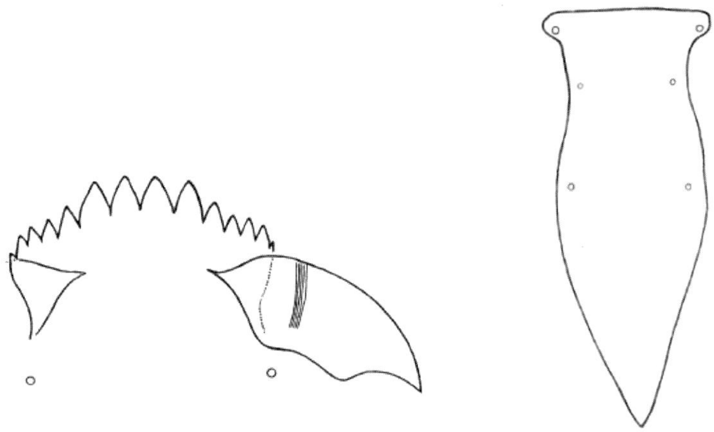

58' Mentum with 4 median teeth separated by a line than runs posteriorly to the anteromedian corner of the ventromental plates; dorsum of head with a frontal apotome with straight anterior margin or a frontoclypeal apotome with a convex anterior margin; S 3 setae not placed on anterolateral lobes 59

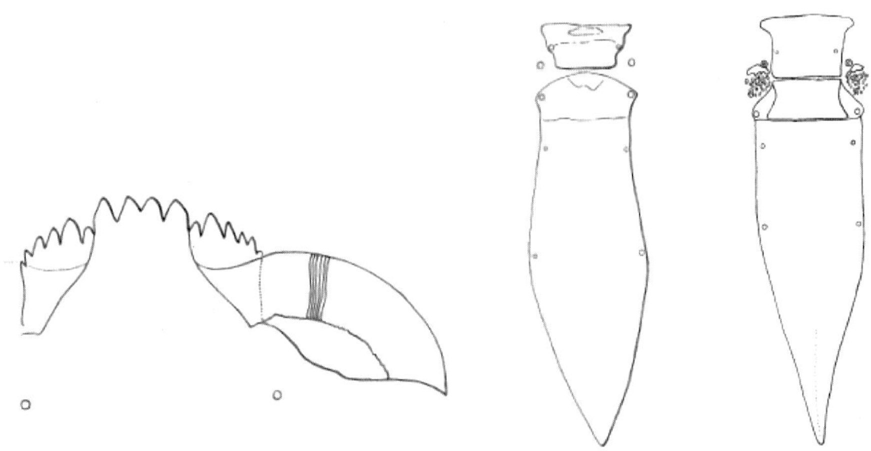

59(58') Ventromental plates 3 or more times wider than long, with posterolateral margin generally rounded; central 2 teeth of mentum may partially fused .... *Endochironomus* (in part)

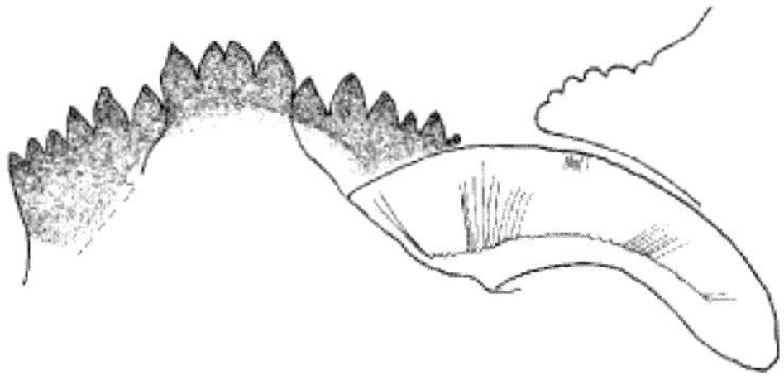

59' Ventromental plates not as long and narrow, with posterolateral margins pointed .... **(성충 미보고)**

B. Key to *Chironomus* larvae of the South Korea

1 A pair of caudolateral tubules present on the abdominal segment anterior to the segment bearing the ventral tubules (best seen on larvae *before* slide mounting) 2

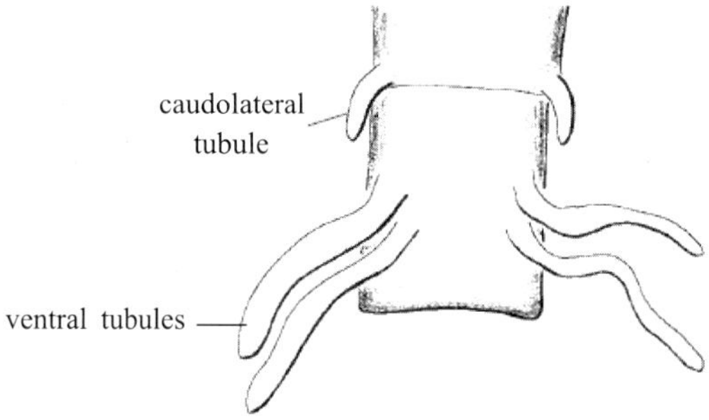

1' Caudolateral tubules not present; ventral tubules present or absent ..... **(성충 미보고)**

2(1) Mentum with simple median tooth and 14 lateral teeth; premandible with numerous teeth; known only from peninsular Florida .... *Ch.* sp. "Florida" **(성충 미보고)**

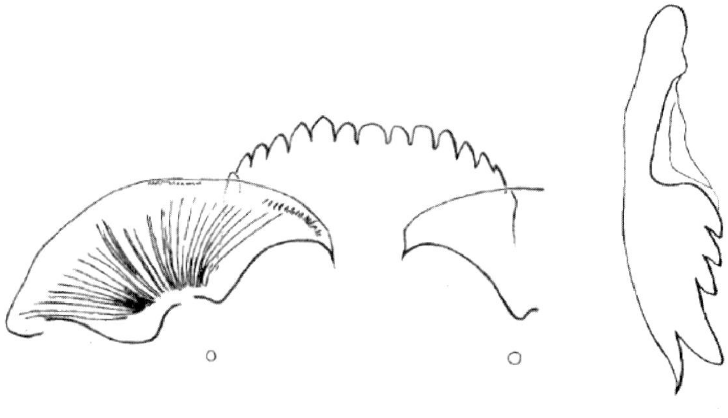

2' Mentum with trifid median tooth and 12 lateral teeth; premandible apically bifid with at most one additional small tooth near center; widespread 3

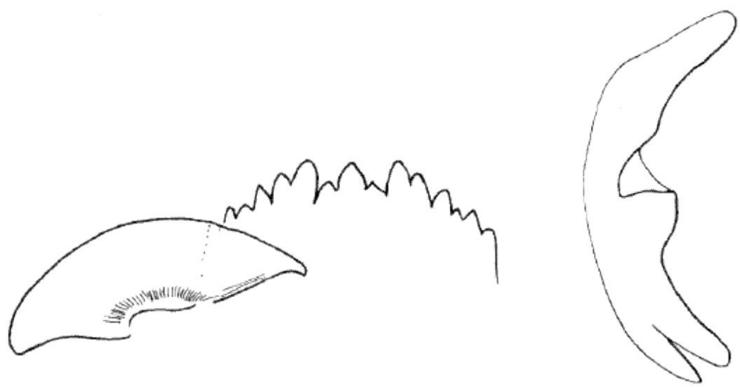

3(2') Anteromedial margin of ventromental plate with fine teeth 4

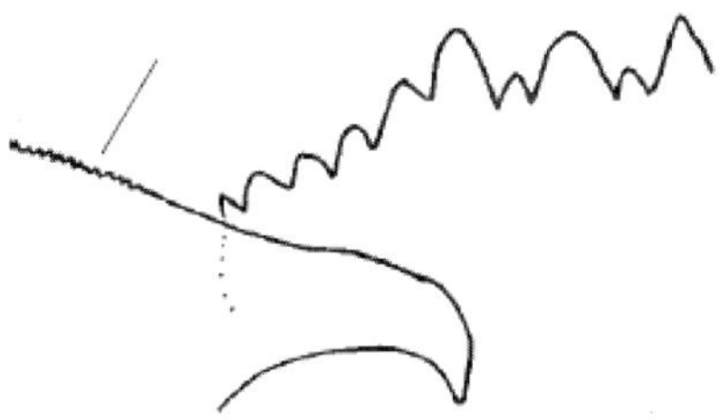

3' Anteromedian margin of ventromental plate smooth (minute teeth may be present beneath plate, but margin is smooth; or outer (lateral) margin of plate may be faintly crenulate) .... **(성충 미보고)**

4(3) Mandible with 3 dark inner teeth .... *Ch. plumosus*

4' Mandible with 2 dark inner teeth (if 3rd inner tooth present, it is light in color) .... **(성충 미보고)**

C. Key to *Dicrotendipes* larvae of the South Korea

1 Apotome with large oval-quadrate apotomal fenestra near anterior margin; ventromental plates usually with more than 40 strial ridges .... *D. leucoscelis* (성충 미보고)

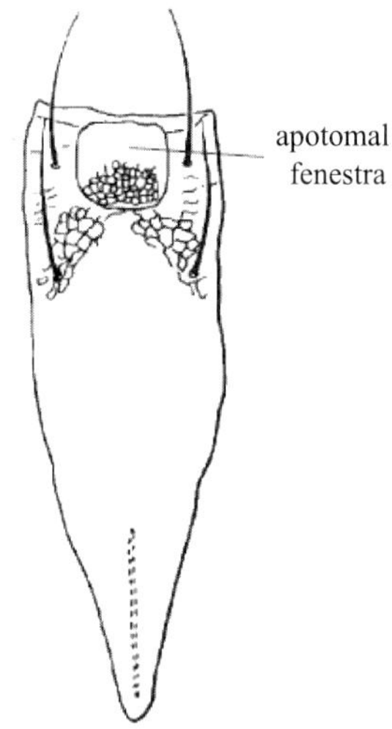

1' Apotome without apotomal fenestra, but usually with frontal pit; ventromental plates with less than 40 strial ridges .... 2'

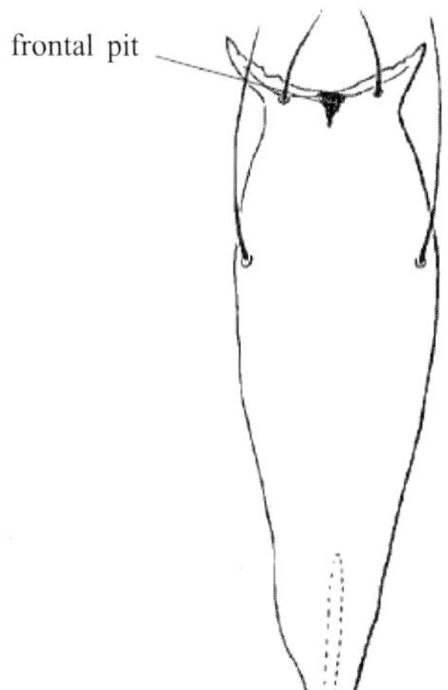

2(1') Mentum with second lateral tooth fused or closely appressed to first lateral tooth for most of its length .... *D. neomodestus and D. modestus* **(성충 미보고)**

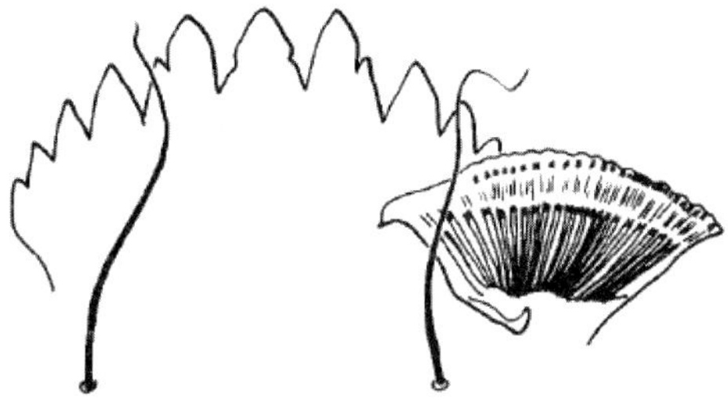

2' Mentum with second lateral tooth not fused or cloesly appressed to first lateral tooth for most of its length .... 3'

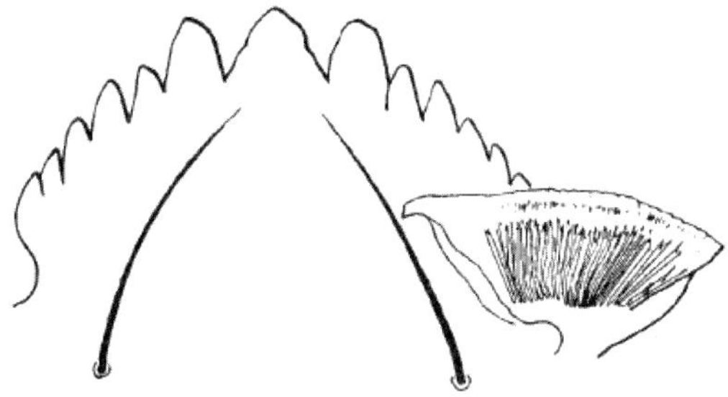

3(2') Anterior margin of ventromental plates coarsely scalloped, plate with 〈 22 strial ridges; head capsule usually pale yellow with strong reticulation .... *D. thanatogratus* **(성충 미보고)**

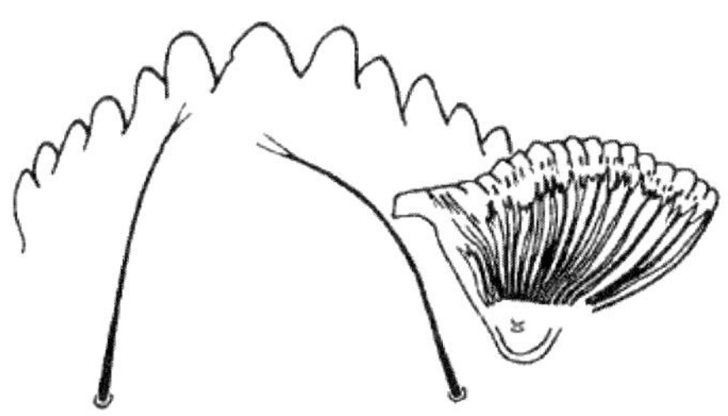

3' Anterior margin of ventromental plates not as scalloped, plate with 〉 22 strial ridges; head capsule color variable, if pale yellow then without strong reticulation .... 4'

4(3') Mandible with giant seta subdentalis; known only from peninsular Florida .... *D.* sp. B **(성충 미보고)**

4' Mandible with normal seta subdentalis .... 5'

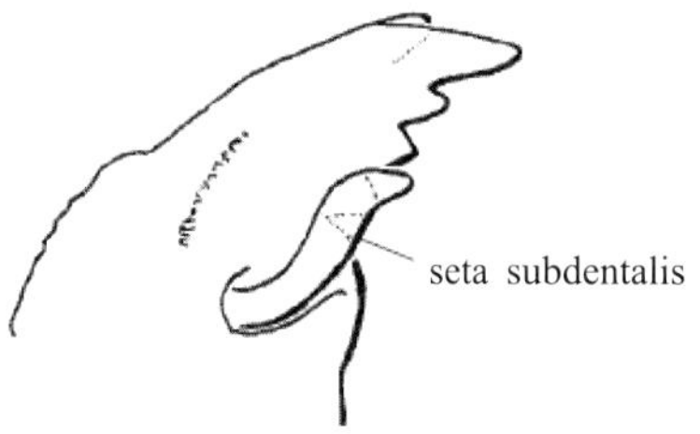

5(4') Proximal tooth of mandible saddle-shaped or with 2 points OR with inner surface of mandible adjacent to proximal tooth with deep semicircular incision .... **(성충 미보고)**

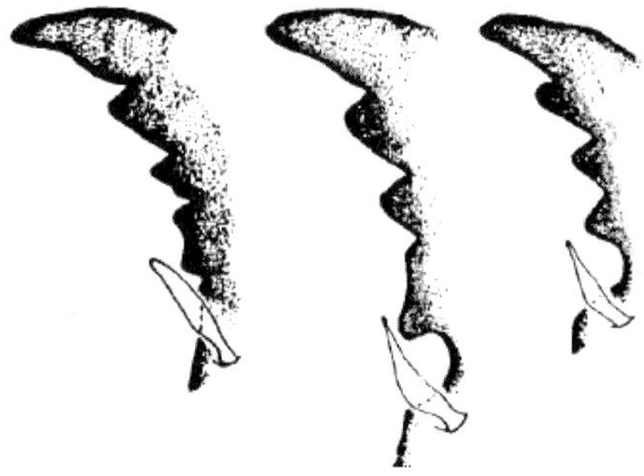

5' Proximal tooth of mandible mostly triangular in outline; no deep semicircular incision present 6

6(5') 6th lateral tooth of mentum rounded and fused/ appressed to 5th lateral tooth .... *D. nervosus*

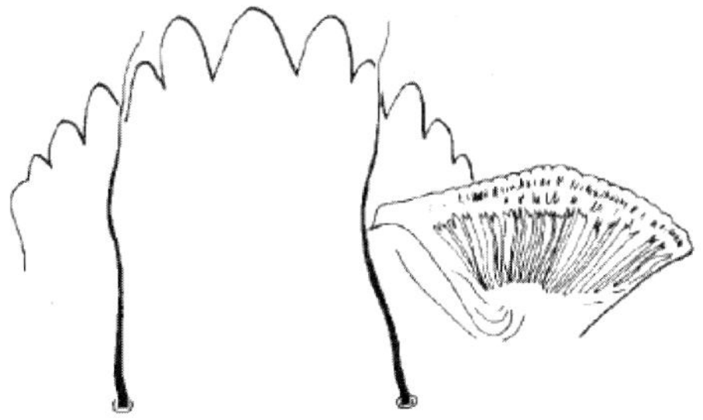

6' 6th lateral tooth of mentum distinct, pointed, not appressed to 5th lateral tooth .... **(성충 미보고)**

D. Key to *Parachironomus* larvae of the South Korea

1 Median tooth of mentum bifid 2

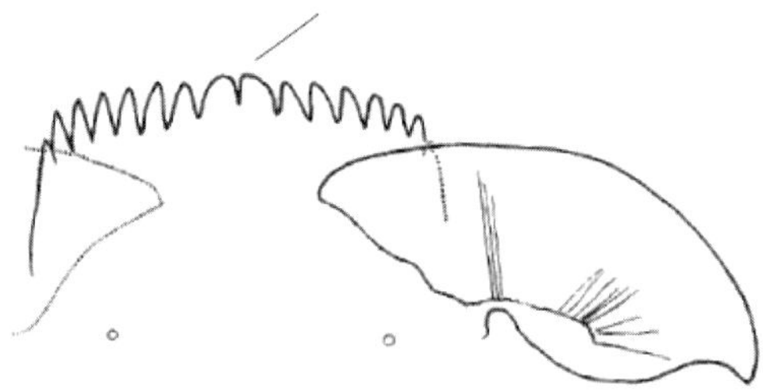

1' Median tooth of mentum simple .... **(성충 미보고)**

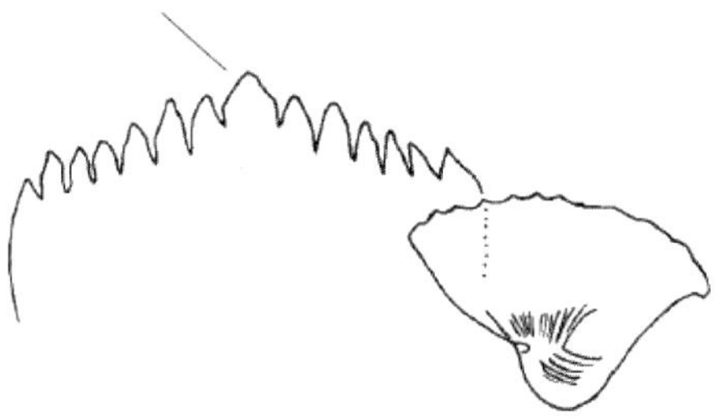

2(1) First lateral tooth of mentum equal to second lateral tooth; premandible with 4 large teeth .... *P. frequens*

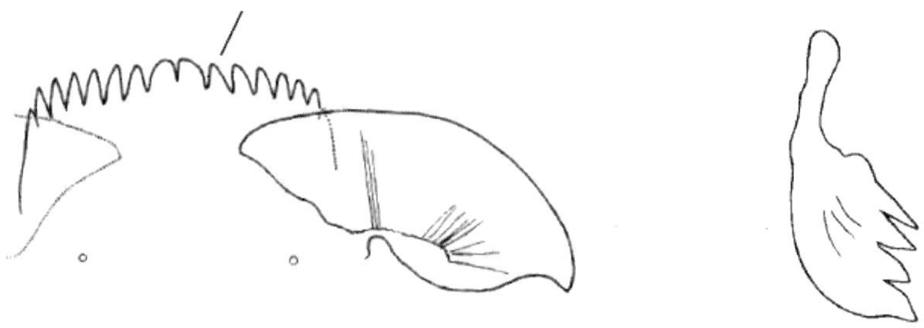

2' First lateral tooth of mentum smaller than second lateral tooth; premandible with 3 large teeth .... *P. pectinatellae* **(성충 미보고)**

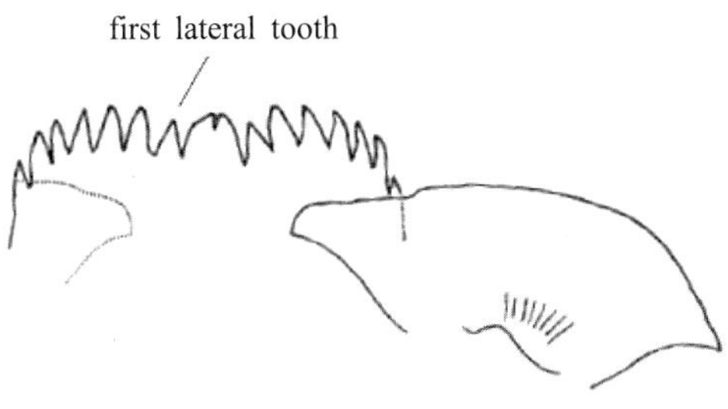

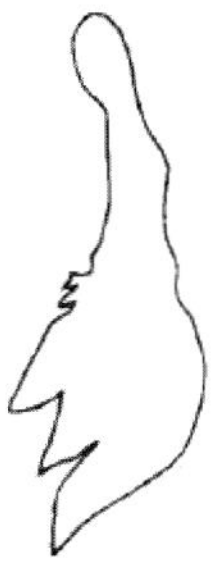

제3절 깃깔따구아과(Orthocladiinae) 검색키

A. Key to the genera of larval Orthocladiinae of the South Korea

1 Length of antennae at least 1/2 length of head capsule .... **(성충 미보고)**

1' Length of antennae less than 1/2 length of head capsule .... 2'

2(1') Procerci absent, or at most a vestigial tubercle present, or if without procerci but strong anal seta present, then without anal tubules and in marine habitat .... **(성충 미보고)**

(most genera that will key here are marine, terrestrial/semi-terrestrial or parasitic)

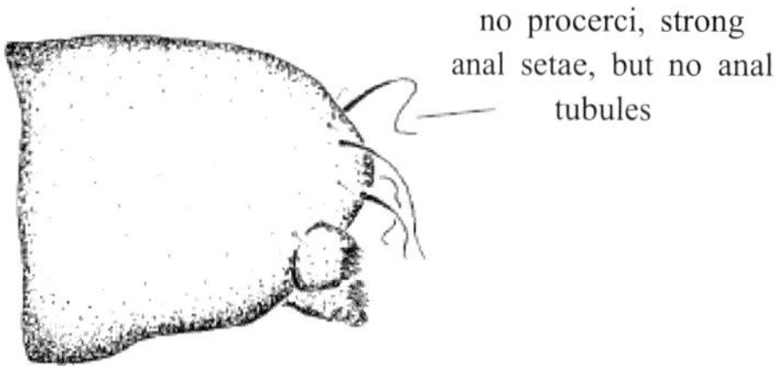

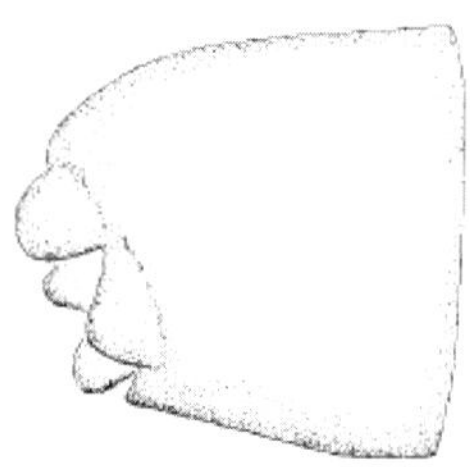

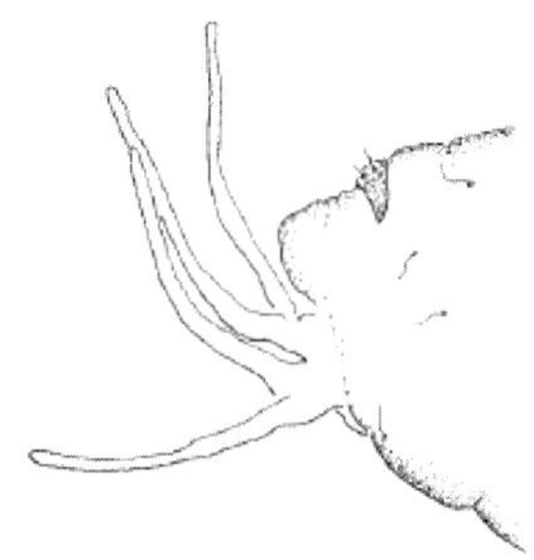

2' Procerci present, but may be reduced - if reduced then strong anal setae present .... 3'

(larvae found in a variety of habitats, but usually aquatic

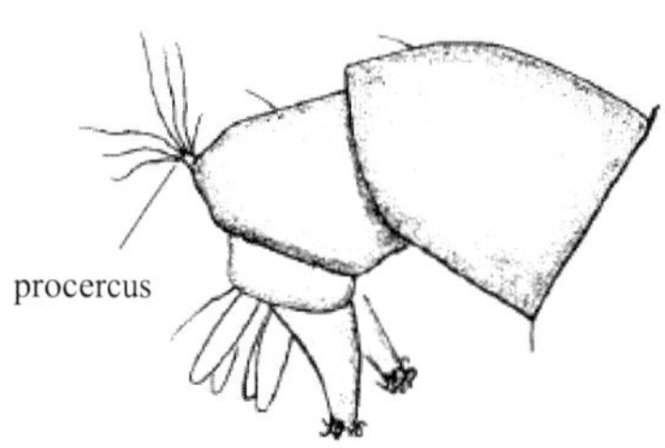

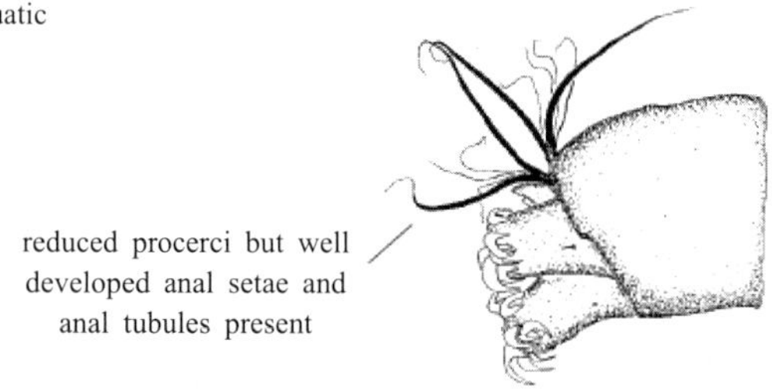

3(2') Procercus with one seta at least 1/4 as long as body .... **(성충 미보고)**

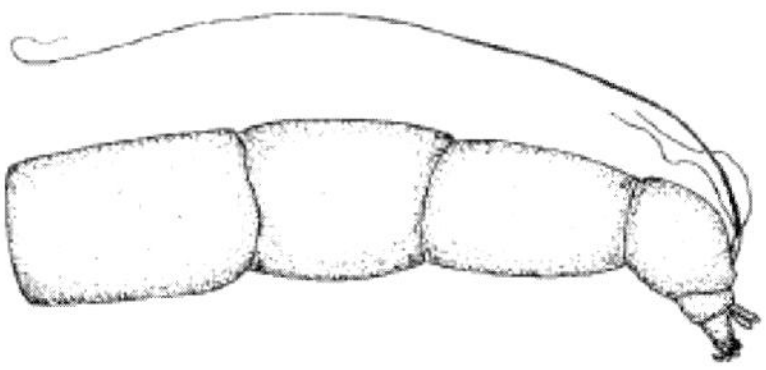

3' Procercus without such a long seta .... 4'

4(3') Lateral teeth of mentum appearing to be on plates separate from and usually covered by ventromentum .... **(성충 미보고)**

4' Lateral teeth appearing contiguous with median portion of mentum .... 5'

5(4') Mentum strongly arched, with 4-8 median teeth; body with numerous long, stout setae; phoretic or parasitic on ephemerid mayflies .... *Epoicocladius* **(성충 미보고)**

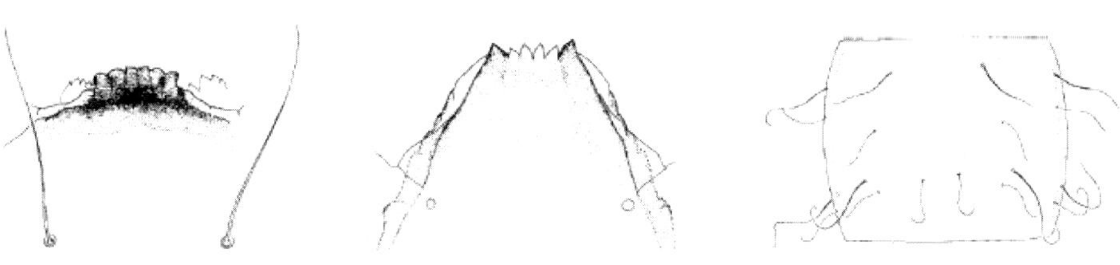

5' Mentum not as above; if body has long, strong setae, then mentum with only 1 or 2 median teeth; free-living, except for some *Nanocladius* (couplet 38) 6

6(5') Beard (group of setae) present beneath or adjacent to ventromental plates (may be only a few setae and may require observation at 1000×) 7

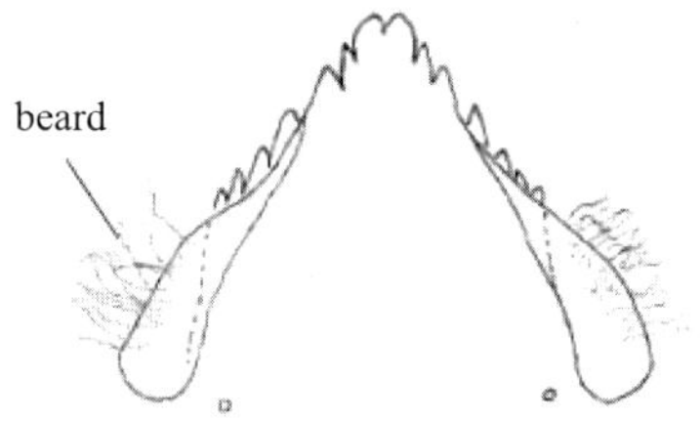

6' Beard absent 14

7(6) Vestigial, hair-like 6th antennal segment present and usually easily visible; mentum with single broad median tooth .... **(성충 미보고)**

7' Antennae with 5 apparent segments; if vestigial 6th segment visible (some *Zalutschia*), then mentum with 2-4 median teeth .... 8'

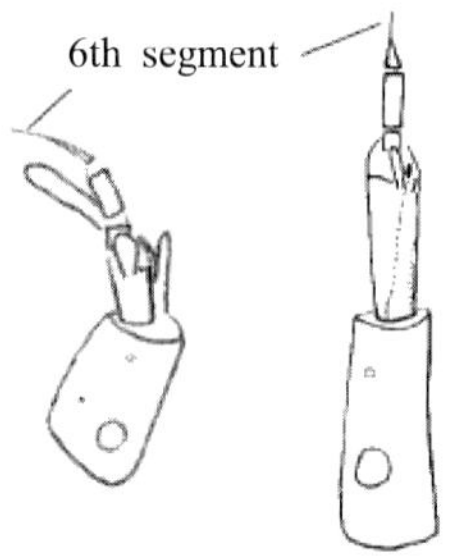

8(7') S I simple; median teeth of mentum elongate; beard well developed with apically branched filamaents; mandible with large seta subdentalis and inner spine; abdominal segments with alternating simple and plumose setae .... *Synorthocladius* **(성충 미보고)**

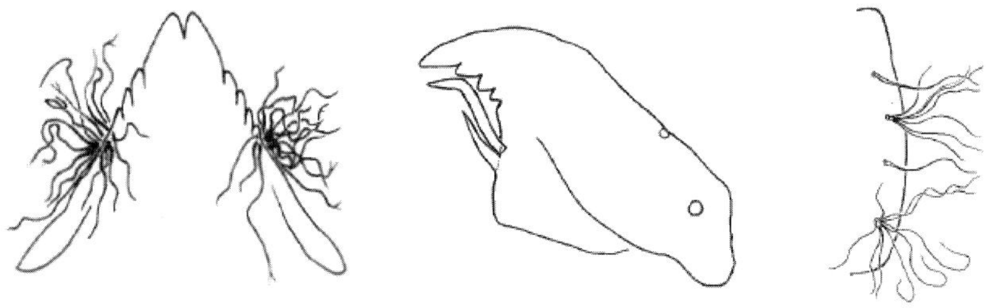

8' S I simple, bifid, coarsely pectinate, palmate or plumose; mentum, beard and mandible not as above; abdominal segments without alternating simple and plumose setae (a single pair of setal tufts may be present posterolaterally) .... 9'

9(8') Mandible with 4 inner teeth; ventromental plates with dense beard; S I plumose; labral lamellae well developed, apically pectinate .... *Diplocladius* **(성충 미보고)**

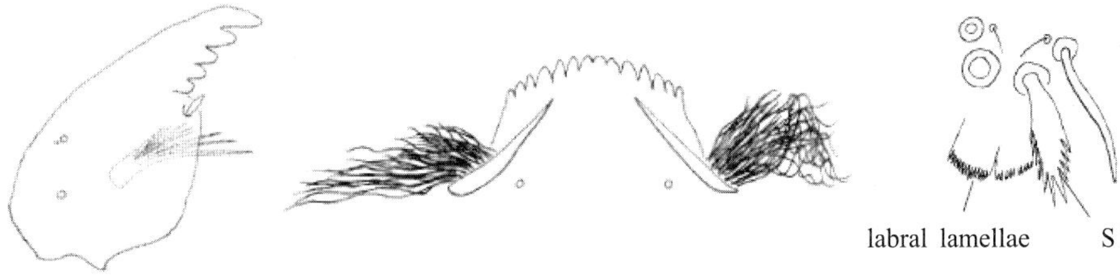

9' Mandible with 3 or fewer inner teeth (do not mistake darkened molar area for a 4th tooth!); mentum, beard and S I variable; if labral lamellae present, weakly developed and never apically pectinate .... 10'

10(9') Mandible without seta interna; S I bifid (may be secondarily split into more teeth); mentum as figured .... *Acricotopus* **(성충미보고)**

10' Mandible with seta interna; IF mandible without seta interna, then S I broadly trifid 11

11(10') S I broadly trifid, palmate or with about 4 long, narrow teeth; procercus with small to large spurs .... *Psectrocladius* (in part)

various *Psectrocladius* S I's

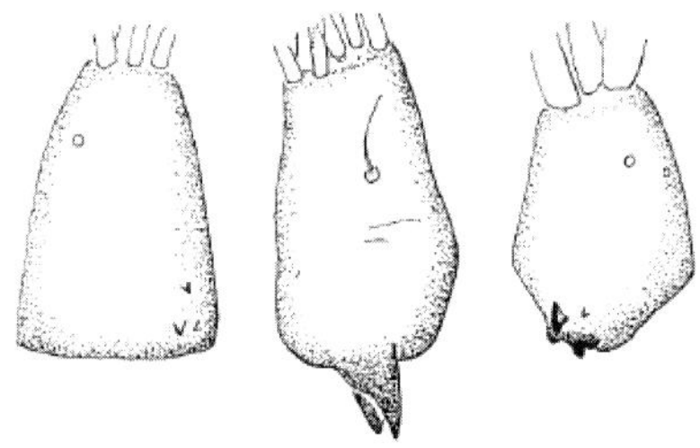

various *Psectrocladius* procerci with spurs

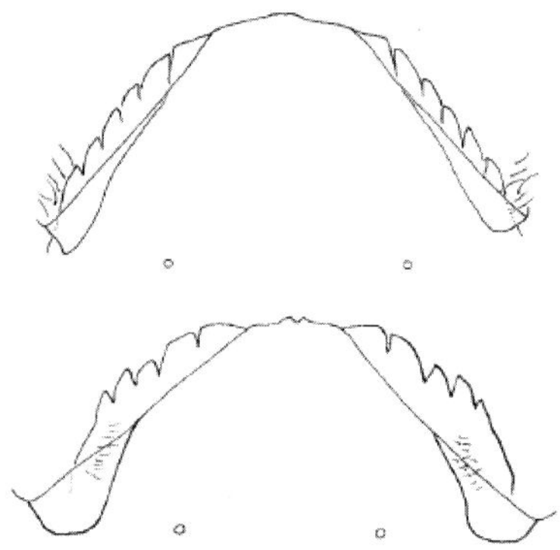

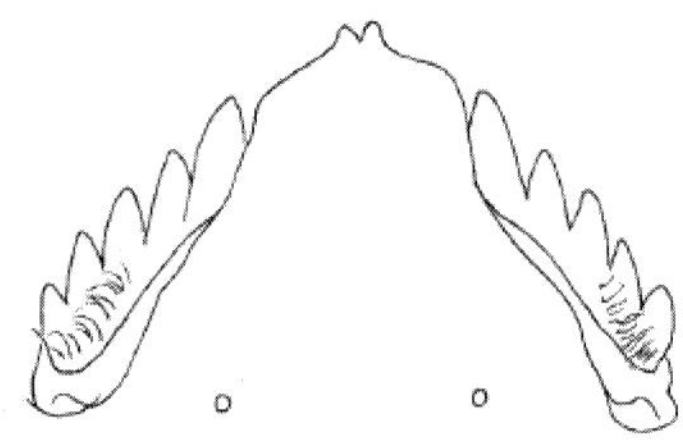

various *Psectrocladius* menta

11' S I simple, bifid, apically split into 4 or more short teeth, plumose or coarsely serrate; if procercus with spurs, S I bifid or apically split into 4 or more short teeth .... 12 **(성충 미보고)**

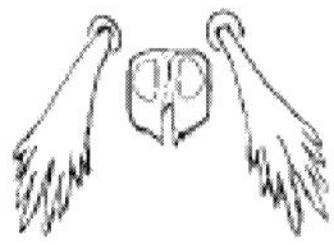

12(11') Beard well developed; S I bifid or apically split into 4 or more short teeth; procercus usually with spurs .... **(성충 미보고)**

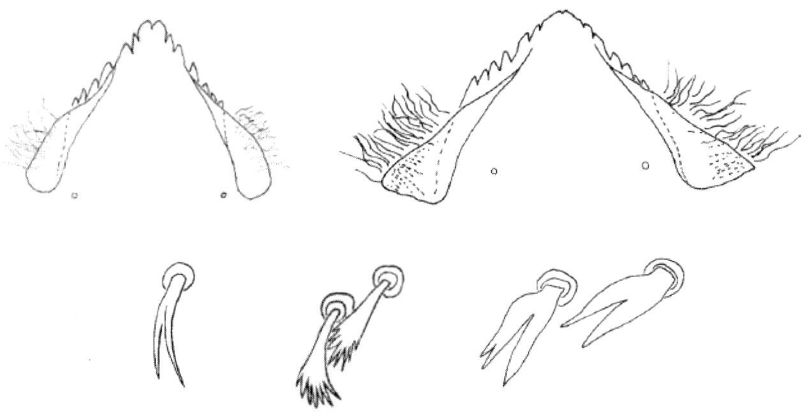

12’ Beard weak to vestigial; S I simple, bifid, coarsely pectinate or plumose; procercus without spurs .... 13’

13(12’) S I coarsely pectinate to plumose; weak labral lamellae present; mentum with 2-4 median teeth, which are usually lighter in color than lateral teeth .... *Zalutschia* **(성충 미보고)**

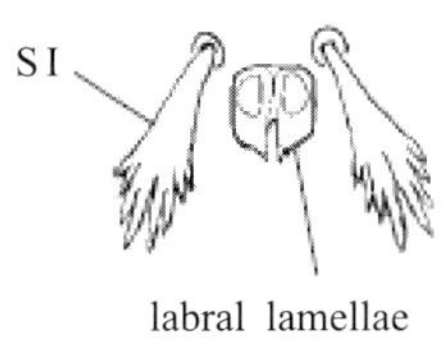

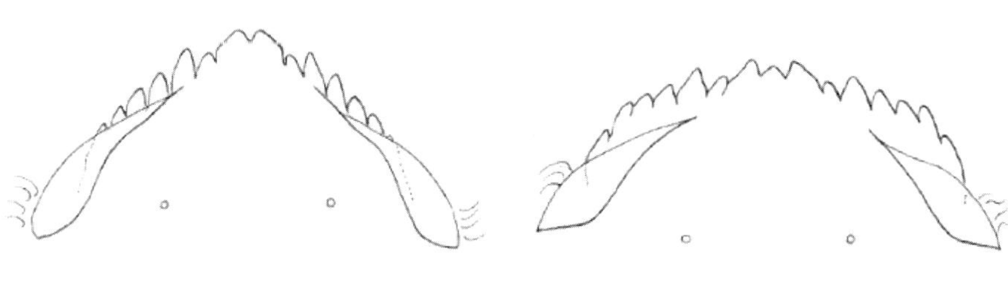

13’ S I simple or bifid; mentum with single median tooth .... 14’

14(6', 13') Ventromental plates well developed, extending well beyond lateral margin of mentum .... **(성충 미보고)**

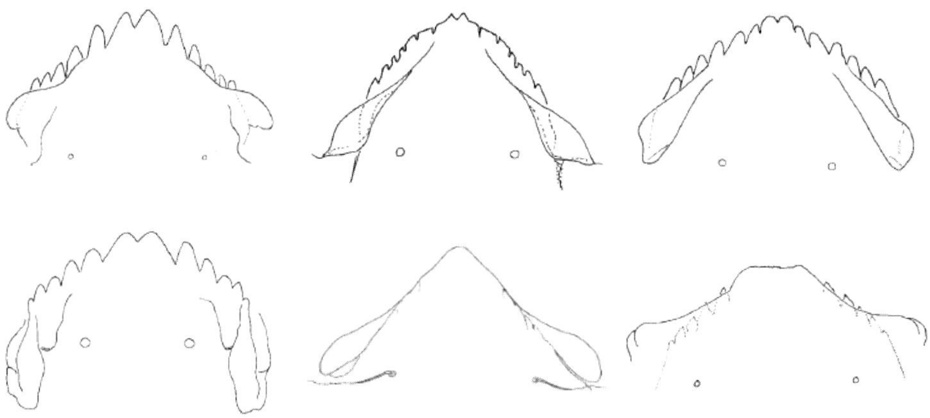

14' Ventromental plates absent/vestigial or, if present, do not extend beyond lateral margin of mentum (may extend to margin, but not far beyond, or plates very thin) .... 15'

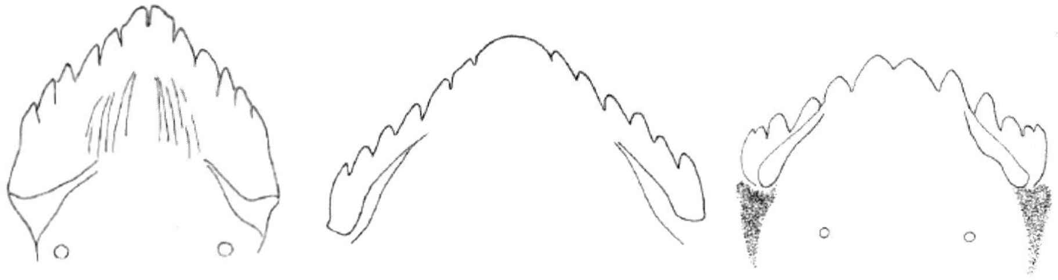

15(14') Antennae with 6 segments, 6th segment vestigial, hairlike .... **(성충 미보고)**

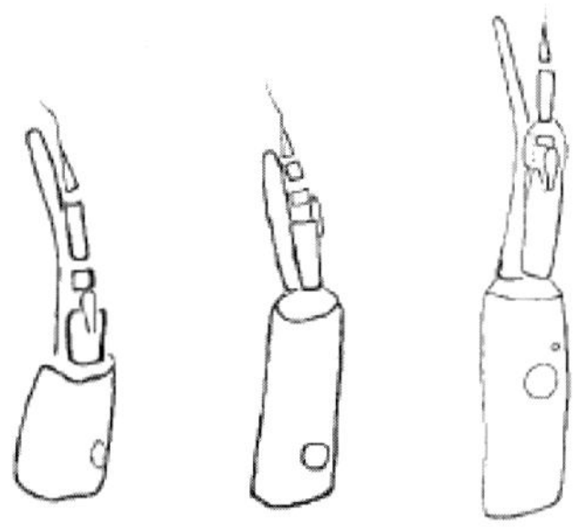

15' Antennae with 5 or fewer segments, last segment not hairlike .... 16'

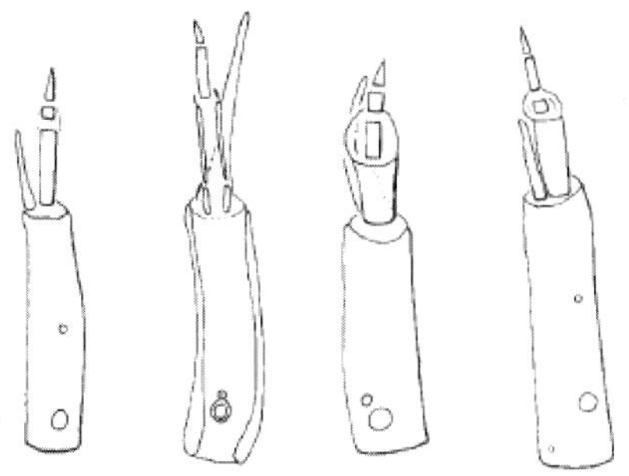

16(15') Abdomen with a lateral fringe of setal tufts; mentum as figured; mining in submerged, partially decomposed wood .... *Xylotopus* **(성충 미보고)**

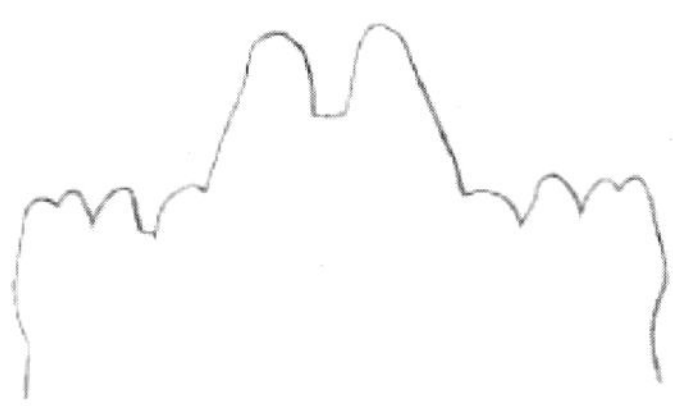

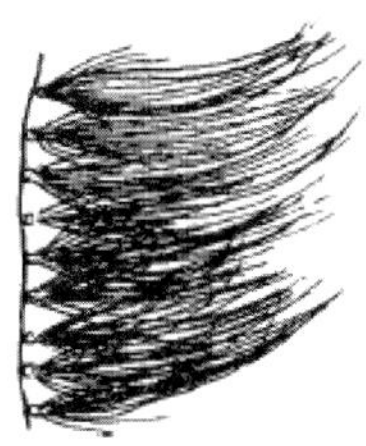

fringe of setal tufts

16' Abdomen without fringe of setal tufts, although individual setal tufts or long setae may be present; mentum not as above 17

17(16') Abdomen with long simple setae, at least $\frac{1}{2}$ as long as the segment bearing them .... 18'

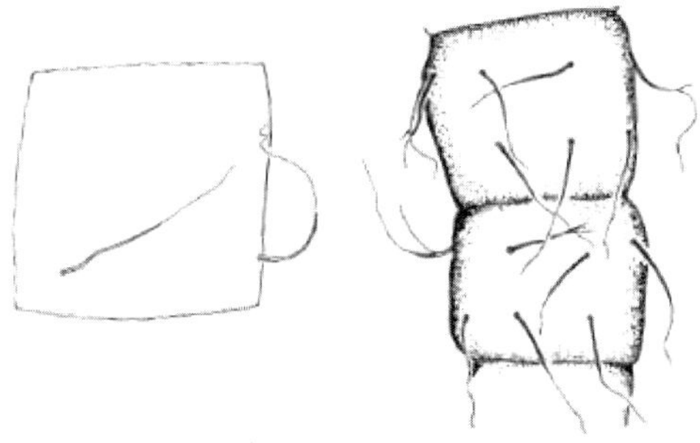

17’ Abdomen without long simple setae; OR if long setae present, they are arranged as a pair of single tufts, one on each side posterolaterally on body segments 20

18(17) S I simple .... **(성충 미보고)**

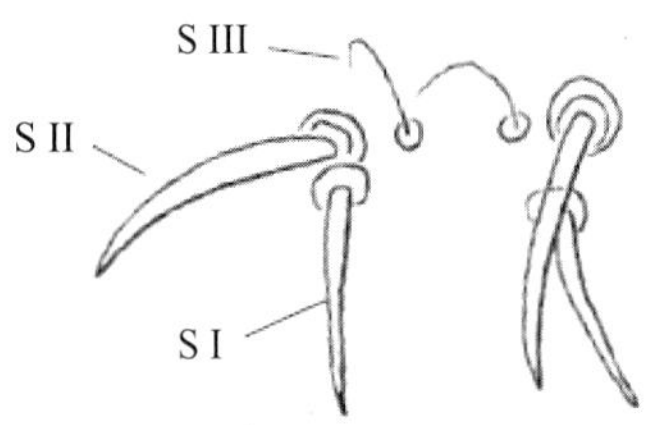

18’ S I bifid, or with several apical teeth, or plumose 19

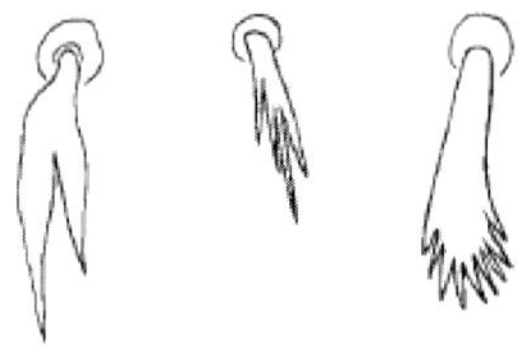

19(18’) S I bifid 29

19’ S I with several apical teeth or plumose .... **(성충 미보고)**

20(17') S I simple 21

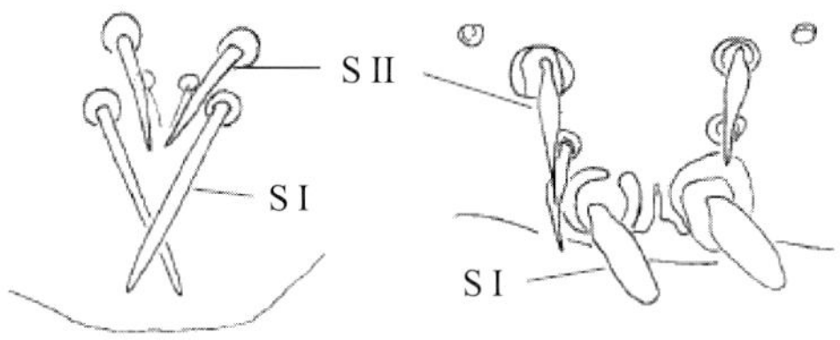

20' S I bifid, serrate, pectinate or plumose .... 29'

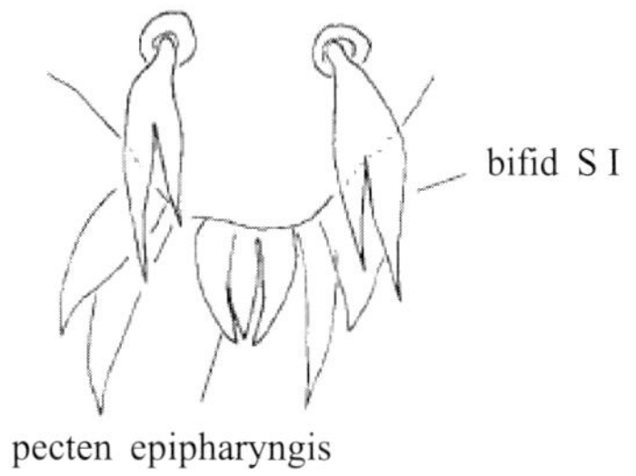

21(20) Mentum with huge median tooth and reduced lateral teeth ....
.... *Orthocladius* (in part) (*O. (S.) lignicola*)

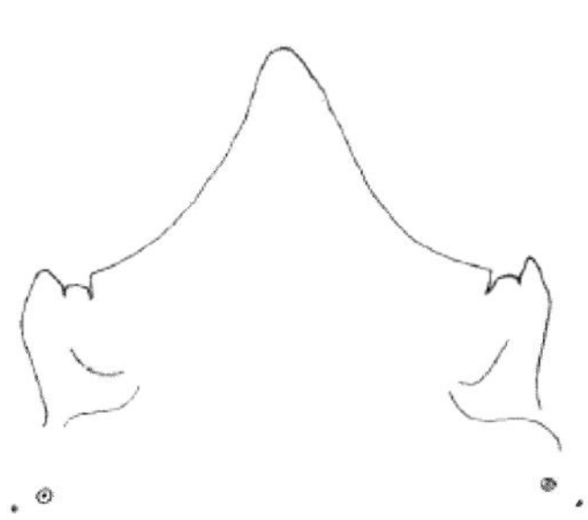

21'　Median tooth of mentum not as above 22

22(21') Median teeth of mentum deeply recessed .... *Metriocnemus* (in part) (*M. fuscipes*) **(성충 미보고)**

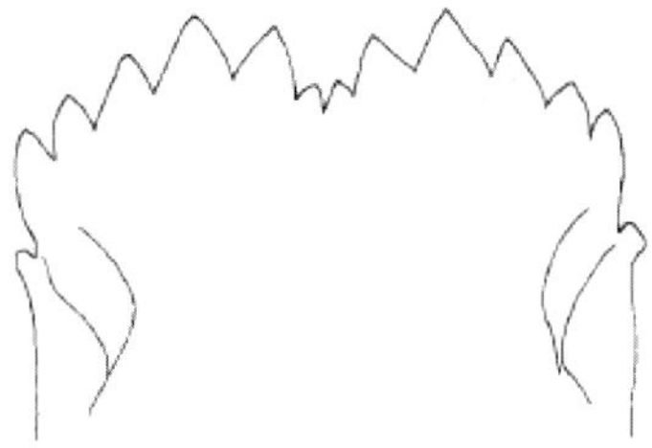

22'　Median teeth of mentum not deeply recessed as above 23

23(22') Inner margin of mandible with spines (these may be small) 24

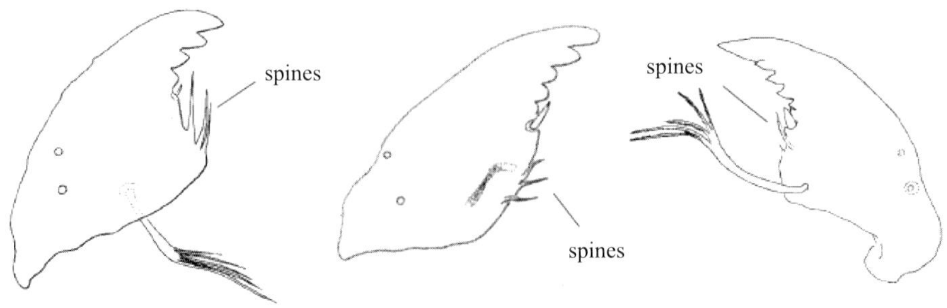

23'　Inner margin of mandible smooth 28

24(23) Procercus reduced, with 2 setae thicker than the rest on each procercus; seta interna of mandible with long stalk that branches near apex; mentum with 5 pairs of lateral teeth .... *ardiocladius* (in part) **(성충 미보고)**

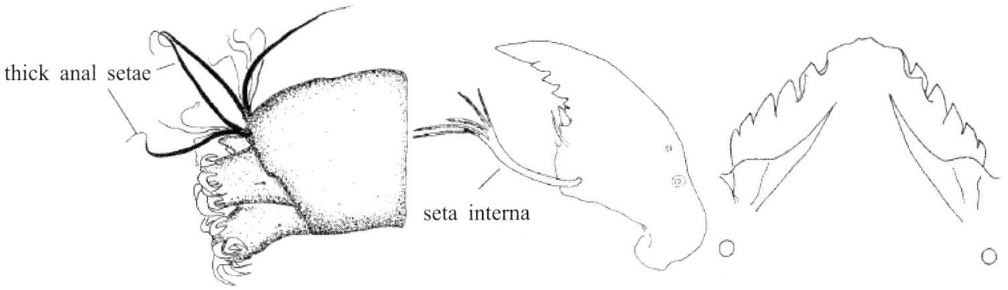

24' Procercus at least as long as wide, setae about equally thick; seta interna usually divided to near base, but if divided near apex than mentum with 4 pairs of lateral teeth .... 25'

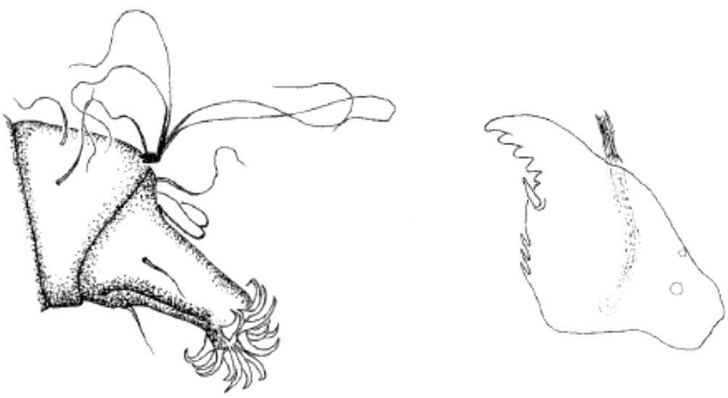

25(24') Mentum with 4 pairs of lateral teeth .... *Eukiefferiella* (in part) **(성충 미보고)**

25' Mentum with 5 pairs of lateral teeth .... 26'

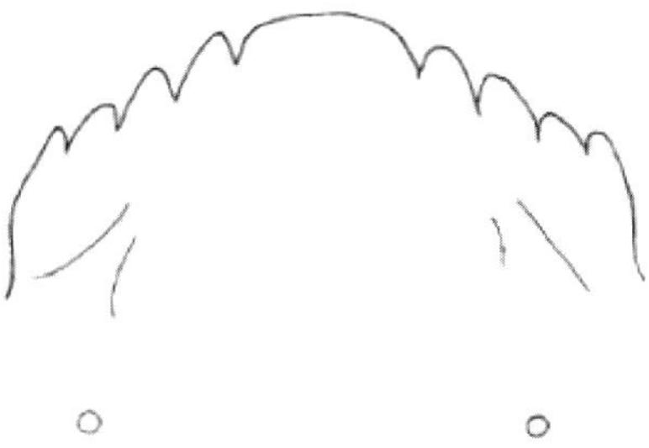

26(25') Antenna with 4 segments .... *Eukiefferiella* (in part) **(성충 미보고)**

26' Antenna with 5 segments 27

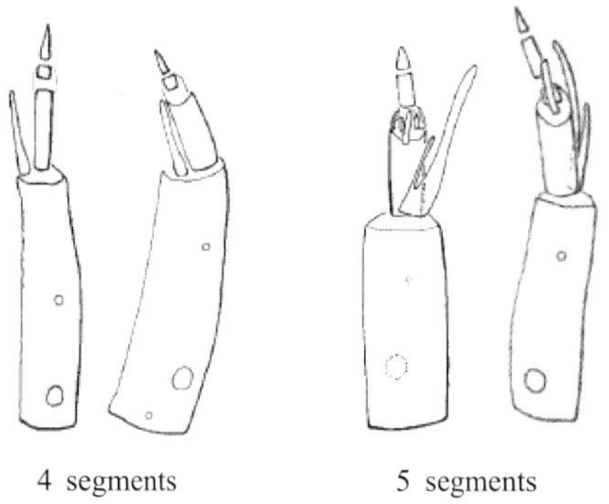

27(26') Anal setae much shorter than posterior parapods .... *Cardiocladius* (in part)

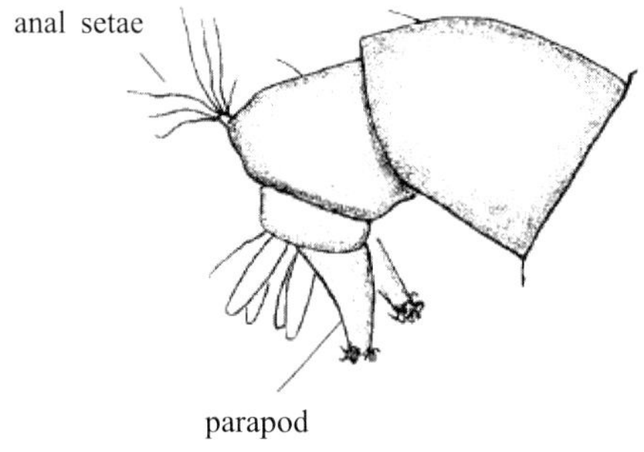

27' Anal setae longer than posterior parapods .... **(성충 미보고)**

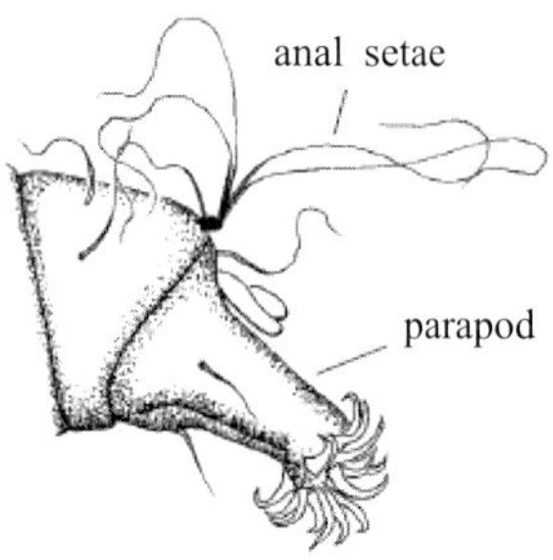

28(23') Body with posterolateral setal tufts; mentum with single median tooth .... *Cricotopus* (in part)

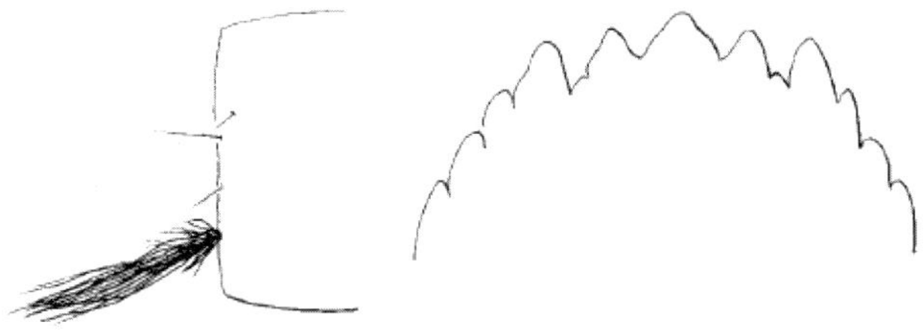

28' Body without setal tufts; mentum with bifid median tooth (see below) .... **(성충 미보고)**

29(19, 20') Mentum with 15 or more teeth .... *Orthocladius* (in part)

29' Mentum with at most 13 teeth 30

30(29') S I bifid .... 31'

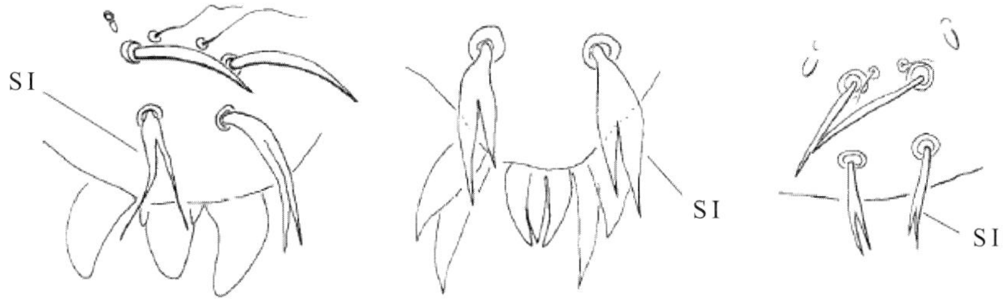

30’ S I serrated, apically fringed/toothed, pectinate or plumose 47

31(30) Mentum with 2 median teeth; antenna with long 4th segment and antennal blade much longer than flagellum .... *Mesocricotopus* **(성충 미보고)**

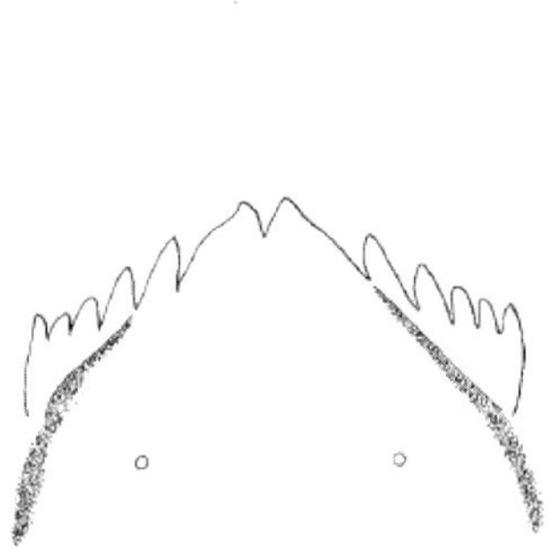

31’ Mentum with single median tooth; 4th antennal segment subequal to 3rd and antennal blade at most subequal to flagellum .... 32’

32(31’) Inner margin of mandible with serrations ..... *Cricotopus* (in part) (*C.* *(C.) bicinctus*)

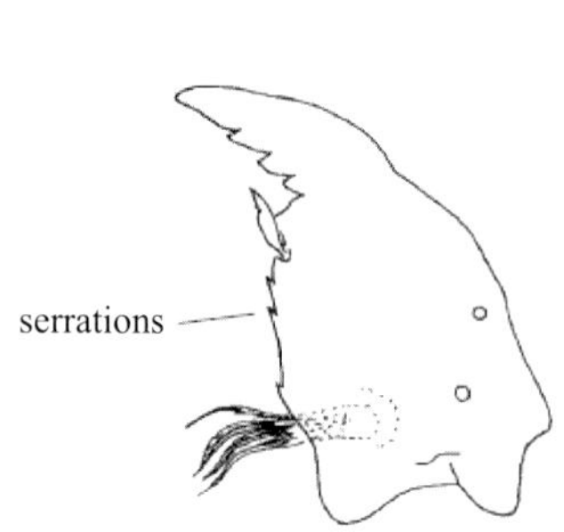

32' Inner margin of mandible smooth .... 33'

33(32') Some abdominal segments with posterolateral setal tufts (may be quite small; most easily found on middle abdominal segments) 34

33' Abdominal segments without tufts of setae 35

34(33) Lauterborn organs well developed, appearing as moderately large circular organs at apex of antennal segment 2; mentum with median and appressed first lateral teeth projecting strongly forward from rest of mentum; setal tufts 〈 100 μm long .... *Orthocladius* (in part) (*O.(S.) annectens*)

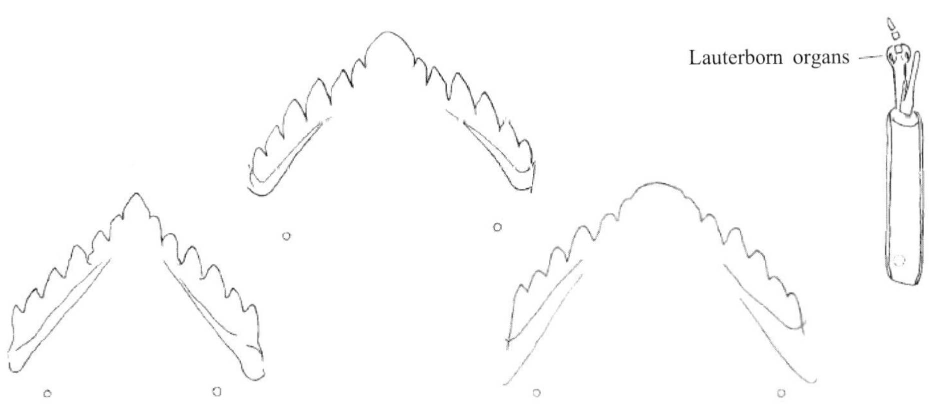

34' Lauterborn organs not developed to appear as circles at apex of second segment; mentum without first lateral teeth appressed to median tooth; setal tufts variable in length, usually 〉 100μm in length .... *Cricotopus* (in part)

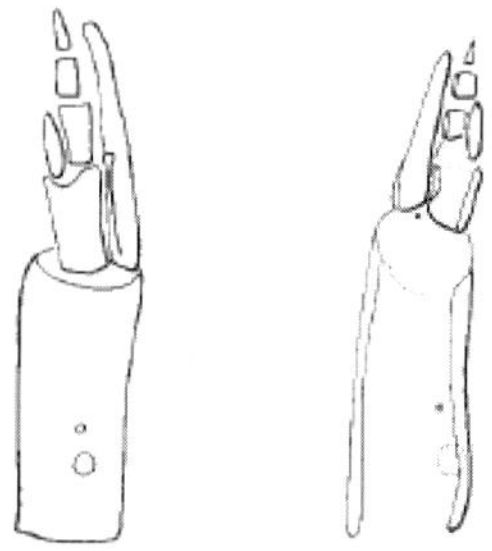

35(33') Head capsule dark brown; mandible with 2-3 dorsal teeth; restricted to colonies of blue-green alga *Nostoc* .... *Cricotopus* (in part) (*C. (N.) nostocicola*)

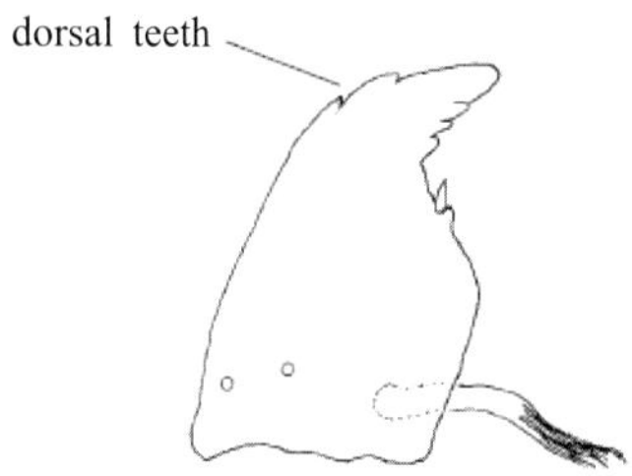

35' Head capsule yellowish to dark brown; mandible without dorsal teeth; not restricted to *Nostoc* 36

36(35') Mandible without seta interna .... *Orthocladius* (in part)

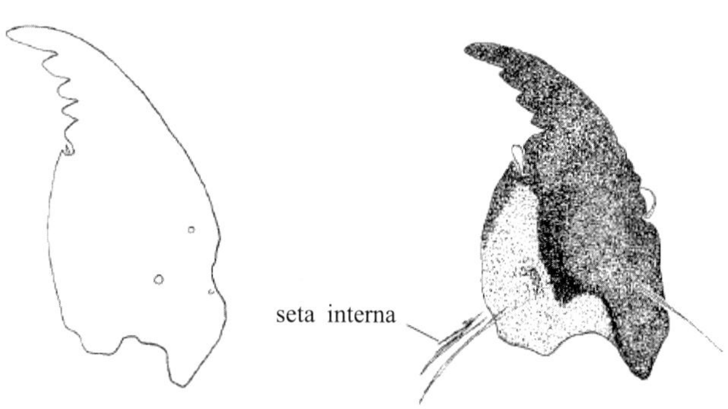

36'　Mandible with seta interna 37

37(36') Some abdominal segments (usually middle segments) with long setae, at least $\frac{1}{2}$ as long as the segment bearing them 38

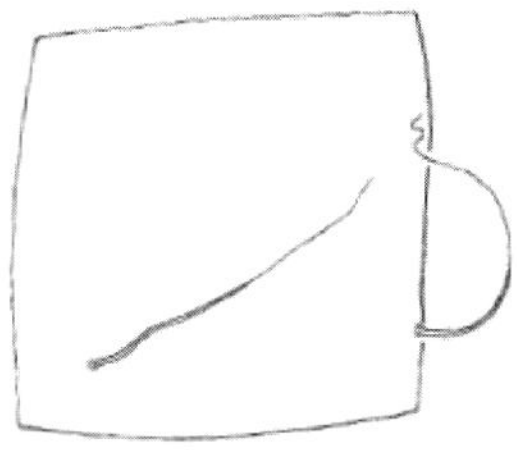

37'　Abdominal segments with setae < $\frac{1}{2}$ as long as the segment bearing them .... 39'

38(37') Premandible apically simple, with weak brush .... *Cricotopus* (in part)

38'　Premandible simple or apically bifid, without brush .... *Orthocladius* (in part)

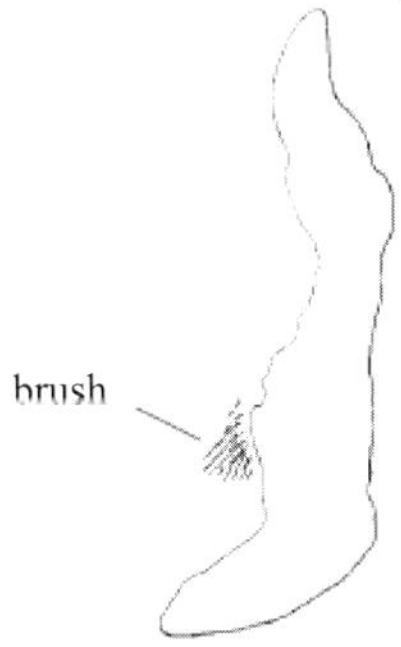

39(37') Head capsule light brown to dark brown or dark reddish-brown; mandibles usually darkly colored to base (base may be paler than apex, but overall the mandible is dark) .... *Orthocladius* (in part)

39' Head capsule yellow to light yellow-brown; mandibles with dark apex and inner teeth and light colored base, never darkly colored to base 40

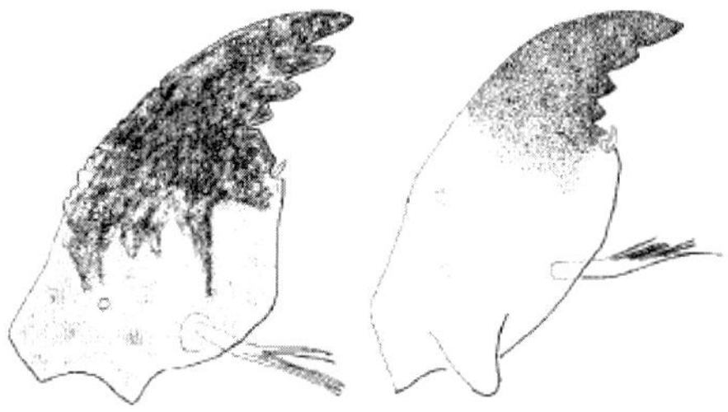

40(39') Premandible apically bifid .... *Orthocladius* (in part) (*O.(O.) oliveri*)

40' Premandible simple 41

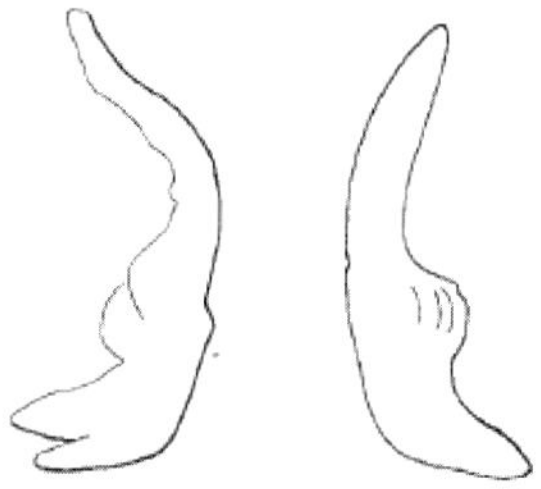

41(40') Mentum with second lateral tooth appressed to first lateral tooth .... Cricotopus (in part)

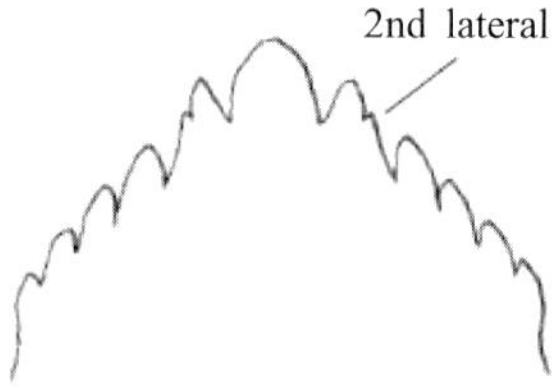

41' Second lateral tooth of mentum not appressed to first 42

42(41') Outer margin of mandible rugose .... *Orthocladius* (in part)

42' Outer margin of mandible mostly smooth 43

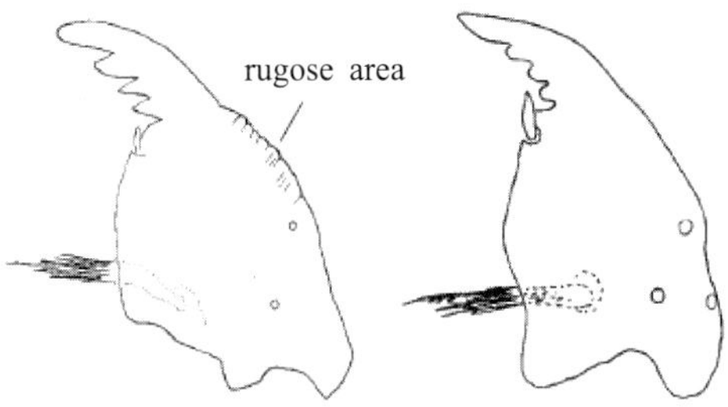

43(42') Ventromental plates appear to extend well past a line drawn between bases of setae submenti .... *Orthocladius* (in part)

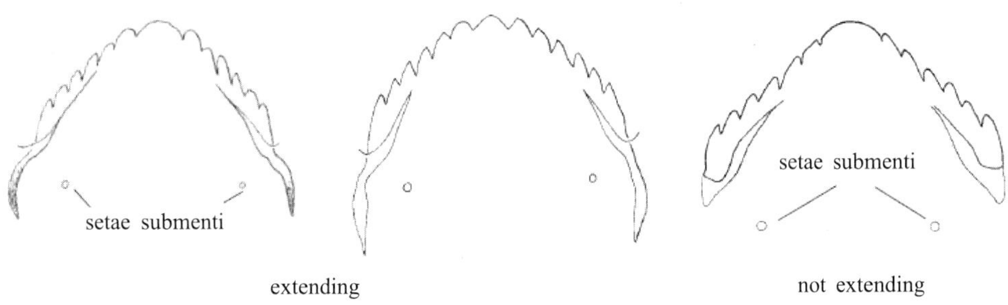

43' Ventromental plates not extending as far posteriorly 44

44(43') Mentum with first lateral teeth constricted at base so that they appear wider in the middle than at bottom; minute spines present at base of seta subdentalis (often difficult to observe); head caspule with slightly more heavily sclerotized area laterad to mentum .... *Paratrichocladius* **(성충 미보고)**

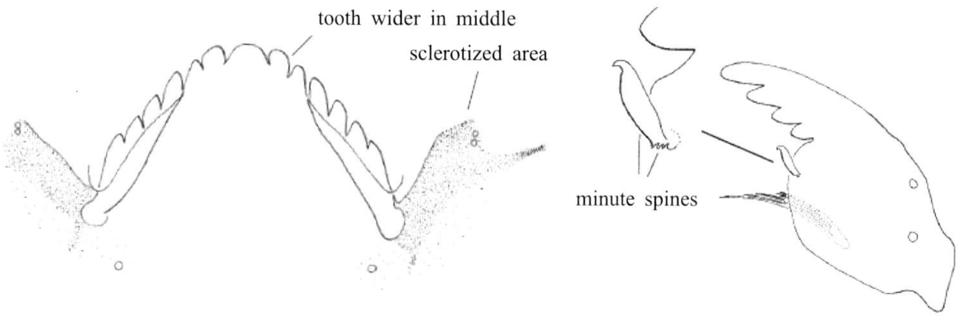

44' First lateral tooth of mentum usually as wide or wider at bottom than at middle; small spines not present at base of seta subdentalis; sclerotized area laterad to mentum variable 45

45(44') Median and first lateral teeth of mentum paler than remaining lateral teeth .... *Orthocladius* (in part)

45' Teeth of mentum unicolored 46

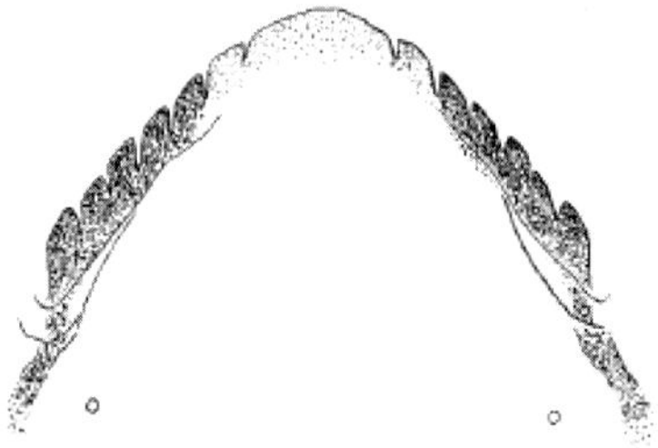

46(45') Mentum triangular in outline or with median and first lateral teeth projecting above remaining lateral teeth; setae submenti located below lateral margin of mentum; pharate pupa with chitinous rings posterolaterally on at least tergites I-III .... *Orthocladius* (in part)

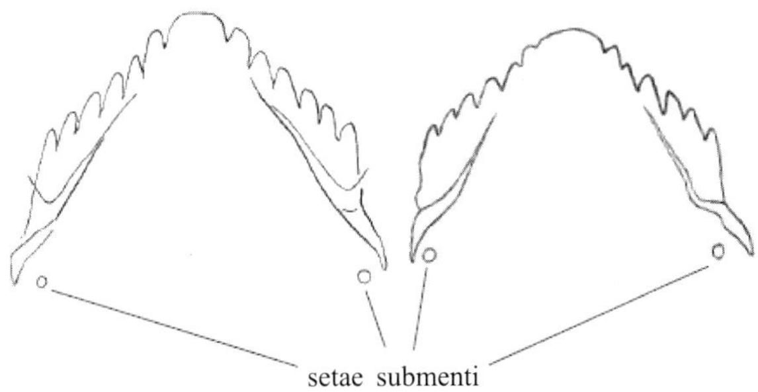

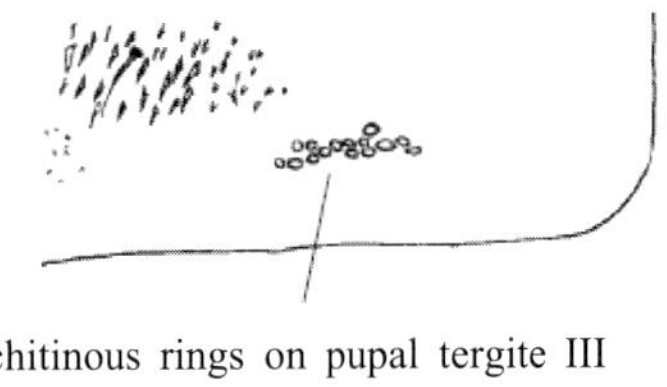

46' Mentum convexly arched, median and first lateral teeth not projecting above remaining lateral teeth; setae submenti located more towards center line of mentum; pharate pupa without chitinous rings on tergites .... *Cricotopus* (in part)

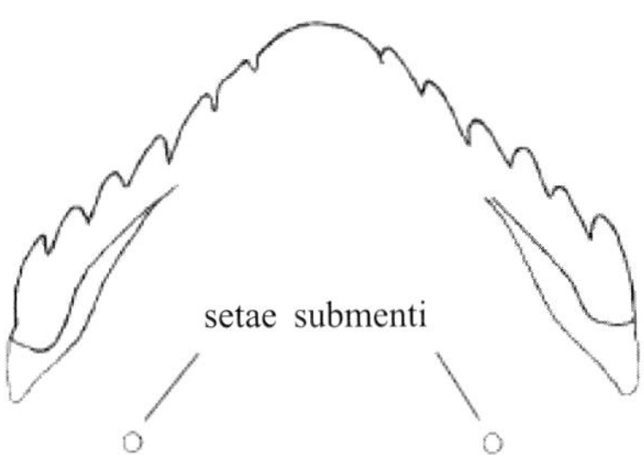

47(30') Well developed labral lamellae present .... 48'

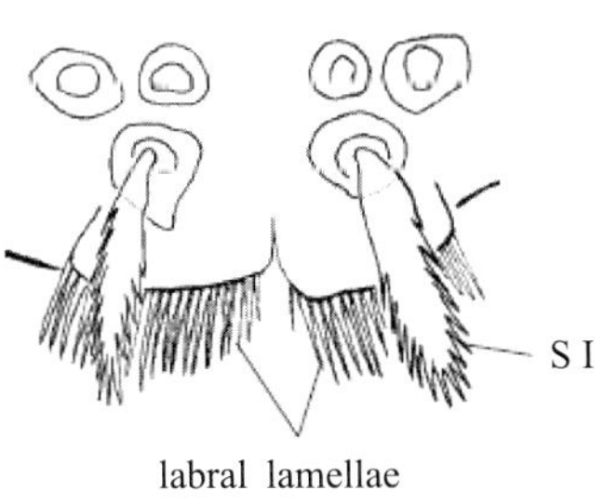

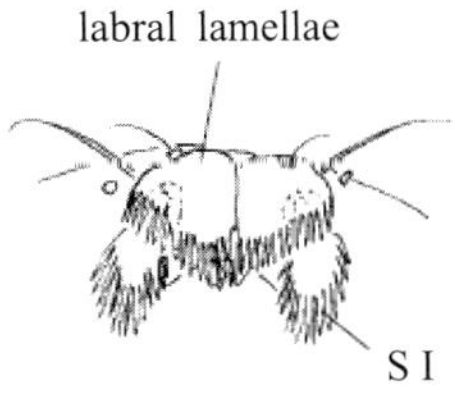

47' Labral lamellae absent or vestigial .... **(성충 미보고)**

48(47) Mentum with 2-4 median teeth, none elongate; setae submenti located near base of mentum .... **(성충 미보고)**

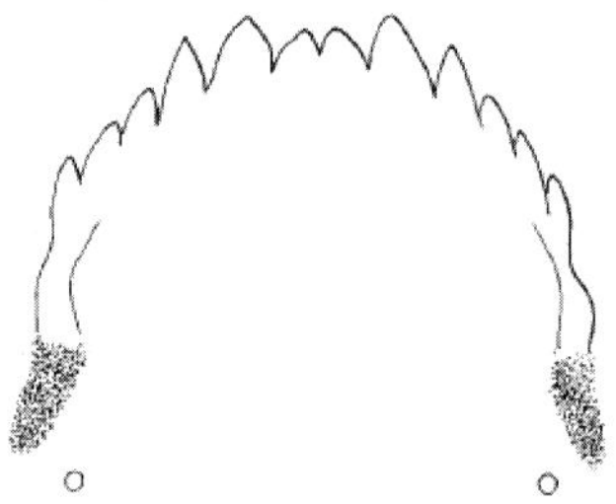

48' Mentum with 2 elongate median teeth (small central tooth sometimes present between median teeth); setae submenti displaced posteriorly, not near base of mentum 49

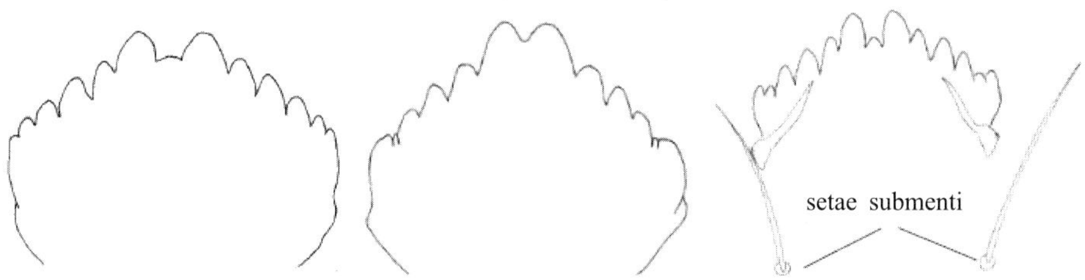

49(48') Antennal segment 2 divided by weakly sclerotized area near base .... *Brillia*

49' Antennal segment 2 not divided .... *Euryhapsis*

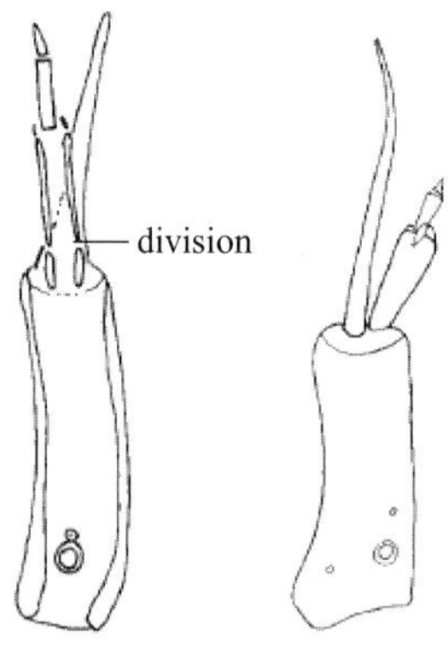

Brillta *Euryhapsis*

B. Key to Cricotopus larvae of the South Korea

1 Head capsule dark brown to almost black .... **(성충 미보고)**

1' Head capsule light yellow brown to light brown .... 2'

2(1') Mandible with truncate molar area and rugose outer margin; premandible with large rounded inner tooth .... **(성충 미보고)**

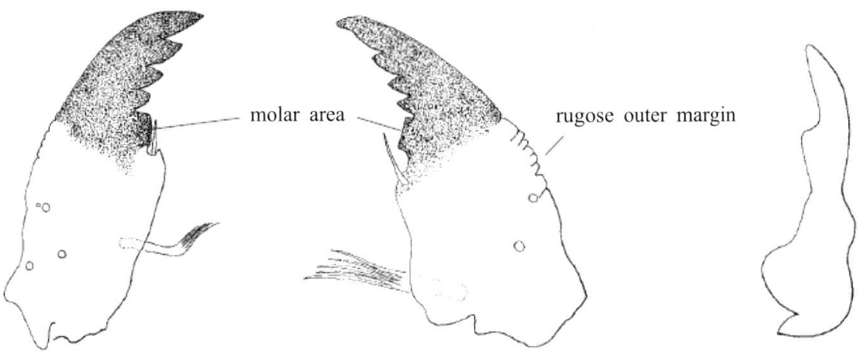

"Santa Fe" *absurdus*

2' Mandible without truncate molar area, outer margin smooth or rugose; premandible not as above 3

3(2') Premandible apically bifid .... 4'

3' Premandible simple 7

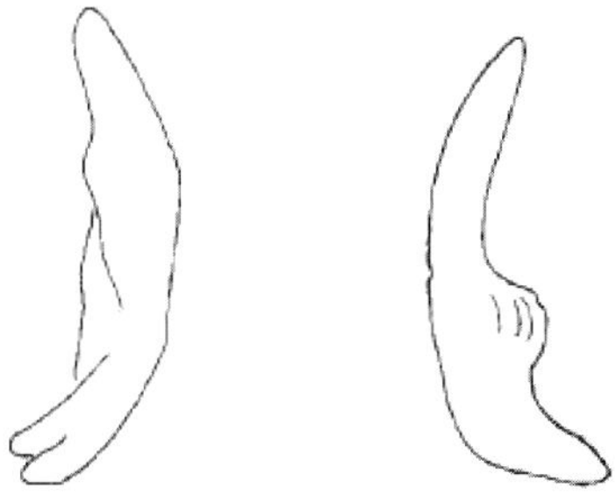

4(3) Second lateral tooth of mentum not reduced and apressed to first lateral tooth; setal tufts of abdominal segments short, at most 1/3 length of segment bearing them .... **(성충 미보고)**

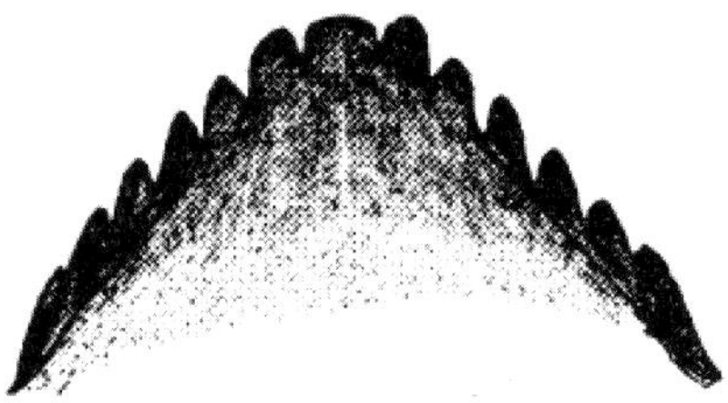

(adaped from Hirvenoja 1973)

4' Second lateral tooth of mentum reduced and apressed to first lateral tooth abdominal setal tufts very long, as long as or longer than segment bearing them .... C. *(I.) sylvestris* group .... 5'
(members of this group are very difficult to separate; your best identification may be "*Cricotopus sylvestris group sp.*")

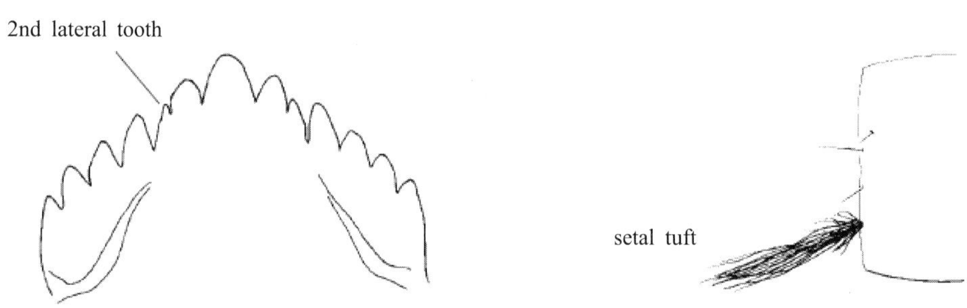

5(4') Abdominal segments I-VII with setal tufts; S I simple; thorax with bright blue coloration in life; lives exclusively within stems of the aquatic weed hydrilla .... *C. (I.) lebetis* **(성충 미보고)**

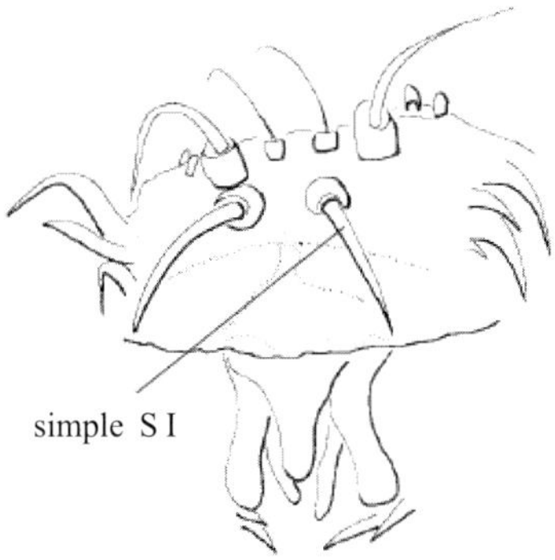

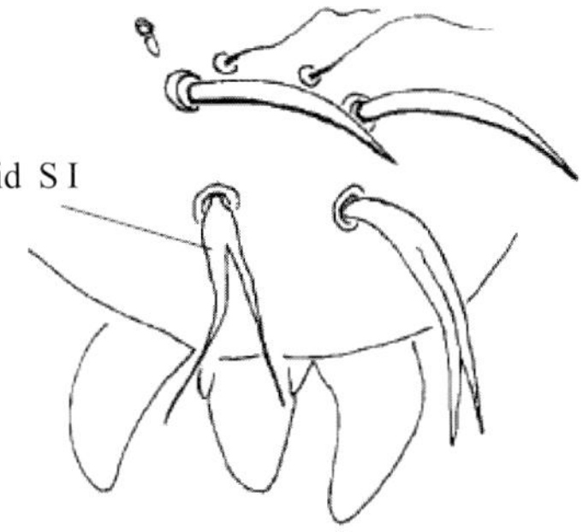

5' Abdominal segments I-VI with setal tufts; S I bifid (although may be unevenly bifid, with one branch much larger than the other); thorax not blue in life; not restricted to hydrilla stems 6

6(5') Apical tooth of small claws of anterior parapods slightly larger than subapical teeth .... *C. (I.) sylvestris*

6' Apical tooth of small claws of anterior parapods much larger than subapical teeth .... **(성충 미보고)**

7(3') Median tooth of mentum about 3 times (or more) as wide as first lateral tooth 8

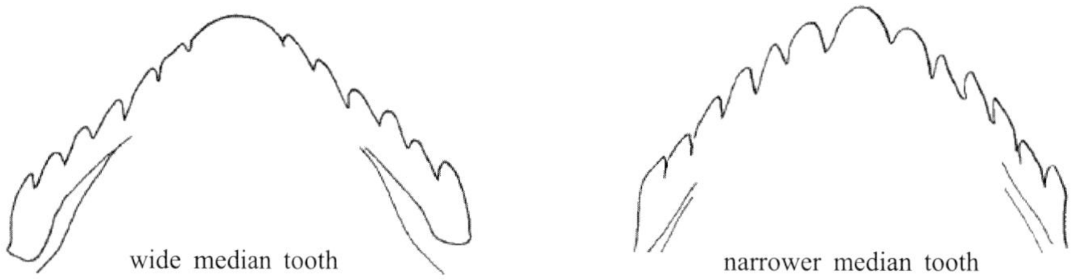

7' Median tooth of mentum at most 2.5 times width of first lateral tooth 9

8(7) Inner margin of mandible with serrations .... *C. (C.) bicinctus*

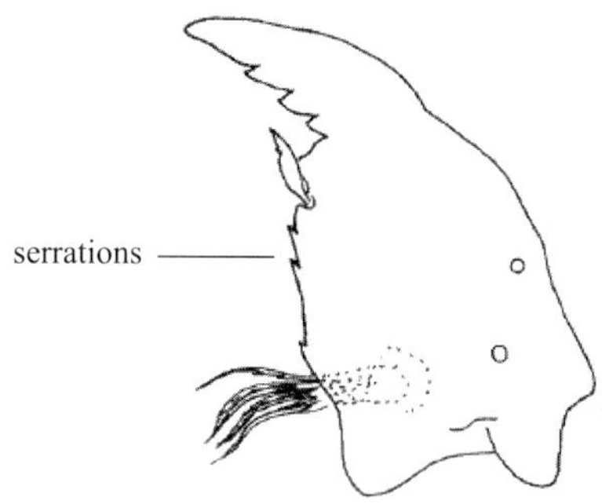

8' Inner margin of mandible smooth .... **(성충 미보고)**

9(7') Pecten epipharyngis a single lobe (or scale) with at most a small notch or lobe near the base of each side; mentum with 2nd lateral tooth small and partially fused to 1st lateral tooth .... **(성충 미보고)**

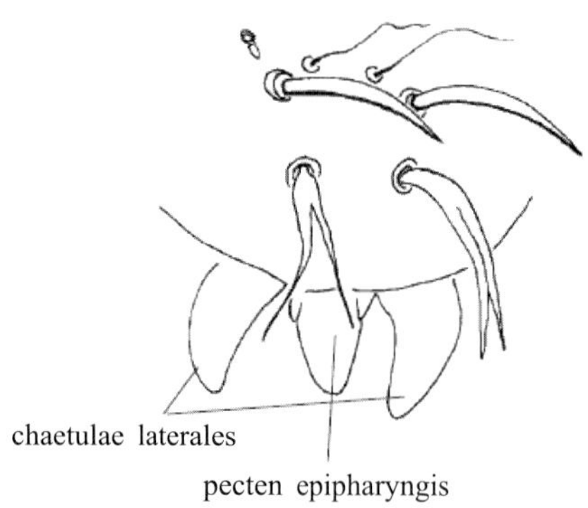

9' Pecten epipharyngis with 3 nearly equal sized lobes or scales; mentum with 2nd lateral not as small and not fused to 1st lateral tooth (except in *C. luciae* and *C. tremulus*, couplet 26) .... 10'

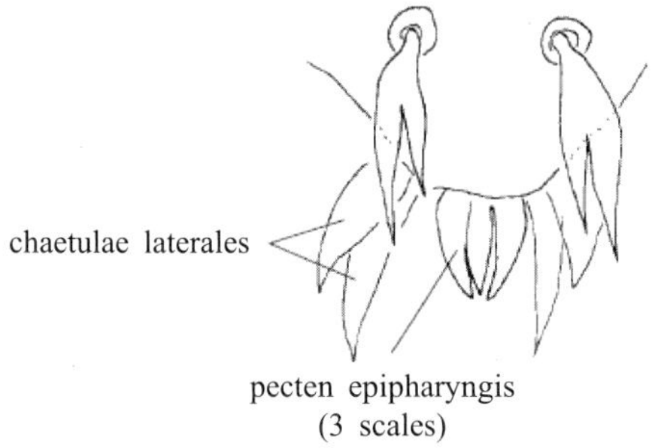

10(9') Outer margin of mandible smooth or indistinctly rugose .... **(성충 미보고)**

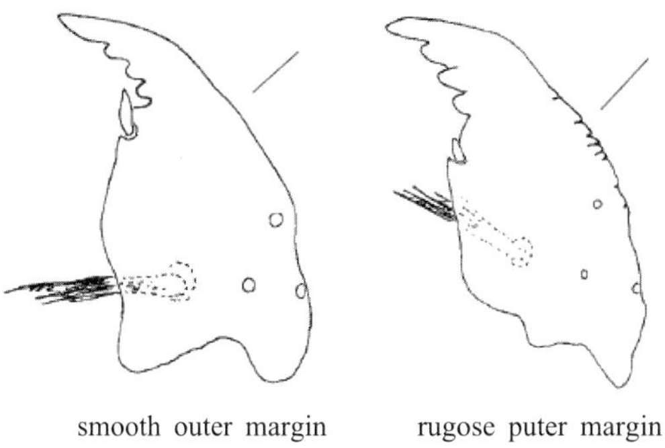

10' Outer margin of mandible distinctly rugose 11

11(10') Mentum with 2nd lateral tooth about as large as other lateral teeth; premandible without brush 12

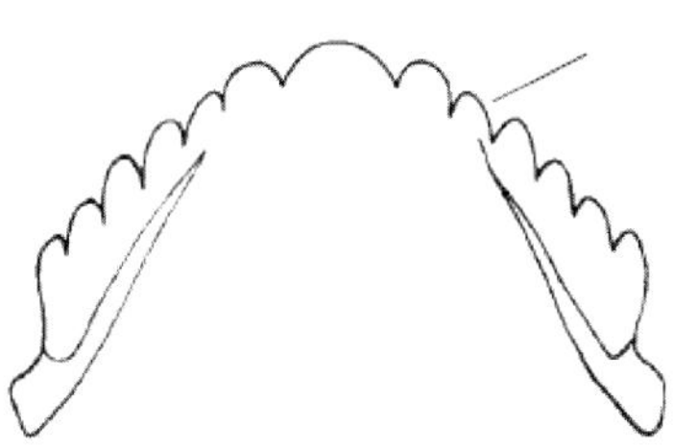

11’ Mentum with 2nd lateral tooth small and appressed to 1st lateral tooth; premandible with weak brush (may require observation at 1000×) .... **(성충 미보고)**

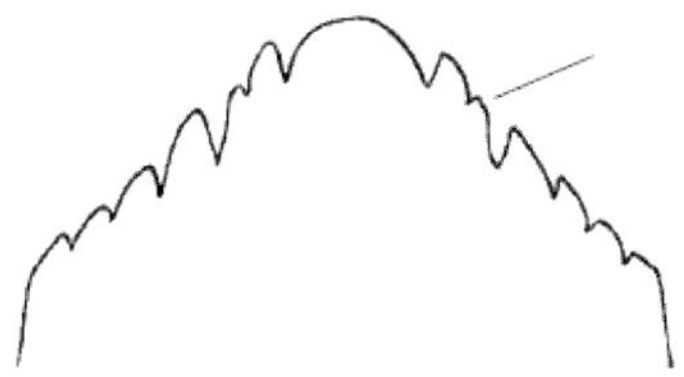

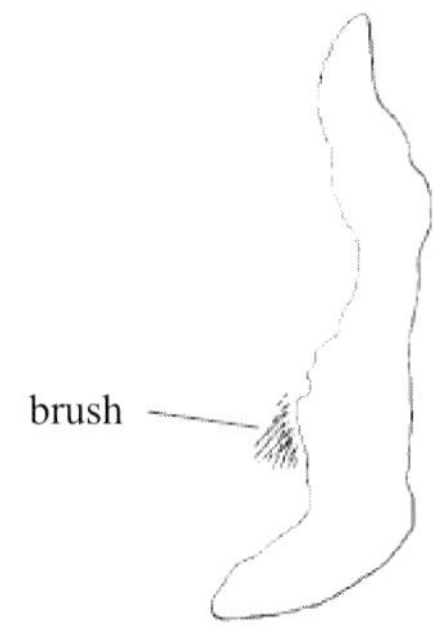

12(11) Mandible with light base .... *C. (C.) triannulatus, C. (C.) infuscatus* (in part)

12’ Mandible dark to base .... *C. (C.) infuscatus* (in part) **(성충 미보고)**

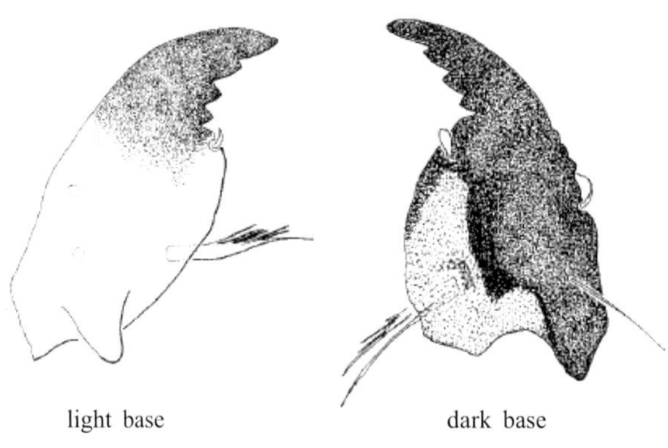

제 4절 늪깔따구아과(Tanypodinae) 검색키

A. Key to the genera of larval Tanypodinae of the South Korea

1 Head capsule rounded to oval; dorsomental teeth present in well developed transverse plates or in longitudinal rows; body with well developed lateral setal fringe .... 2'

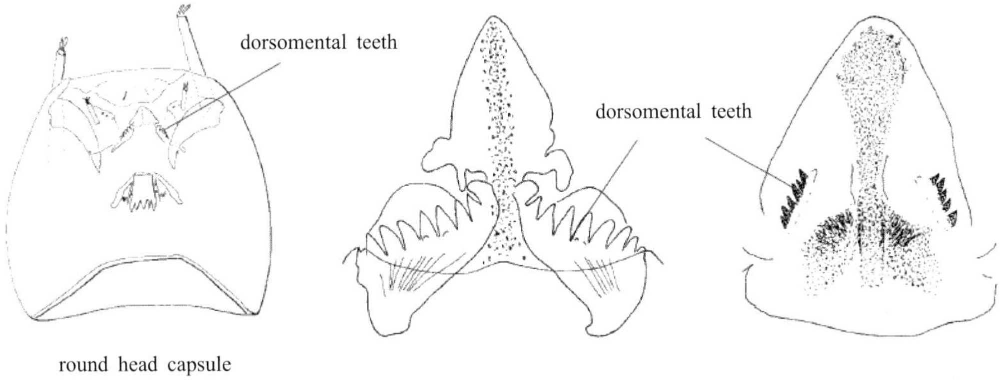

1' Head capsule more elongate; dorsomentum without well developed teeth in transverse plates or longitudinal rows; body without well developed lateral fringe of setae (a small partial fringe of 4 setae is present in *Natarsia*) 8

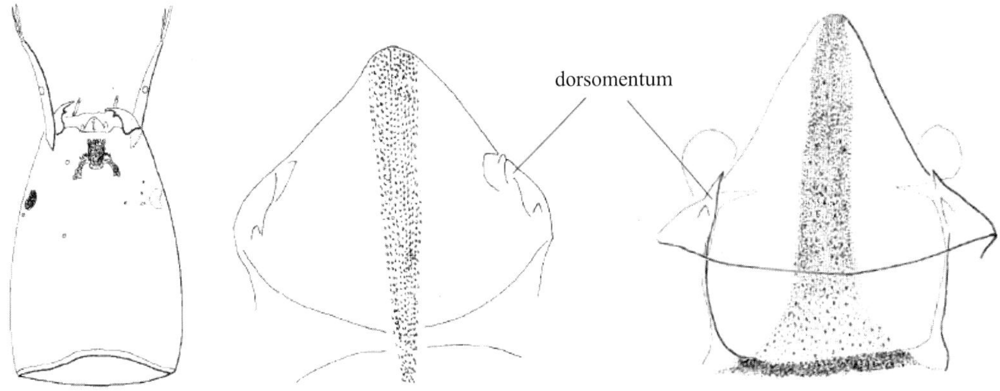

2(1) Dorsomental teeth arranged in longitudinal rows .... **(성충 미보고)**

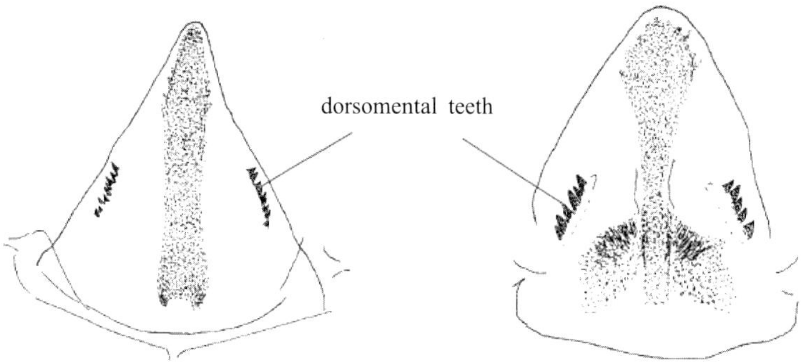

2' Dorsomental teeth arranged in transverse or somewhat diagonal plates 3

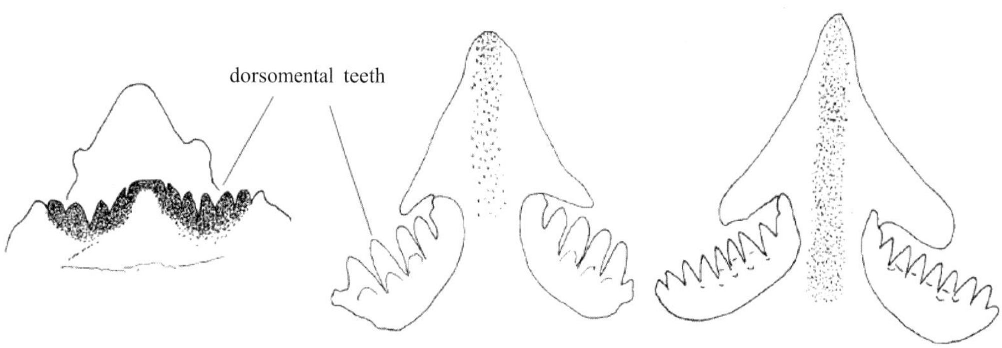

3(2') Mandible with stout base, so that apical tooth appears small in relation to rest of mandible; M appendage without a pseudoradula .... *Tanypus*

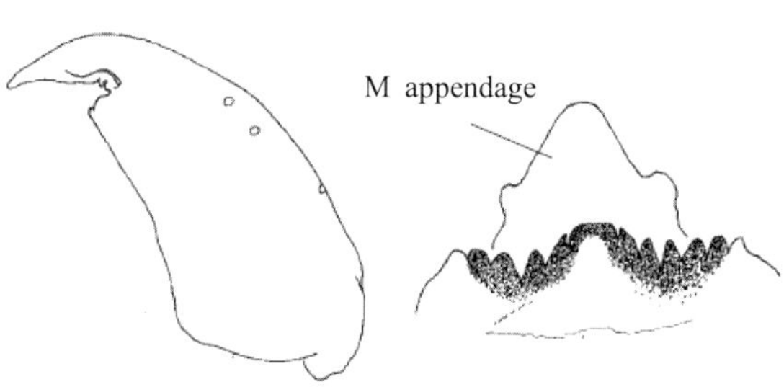

3'　Mandible not as stout, apical tooth appears large in relation to rest of mandible; M appendage with a pseudoradula .... 4'

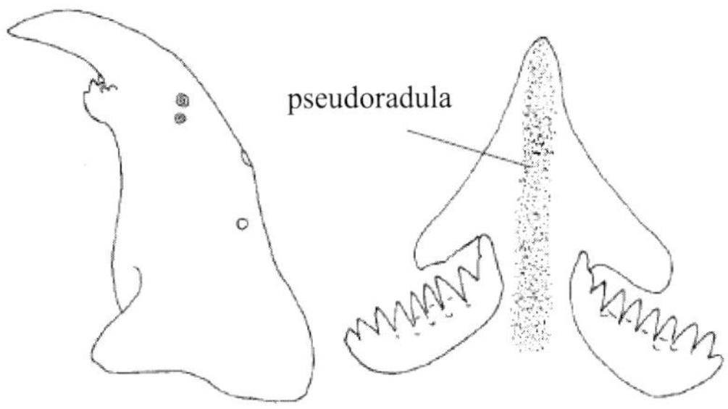

4(3')　Mandible with numerous additional teeth, either in several dorsal and ventral rows or arranged on inner side of mandible .... **(성충 미보고)**

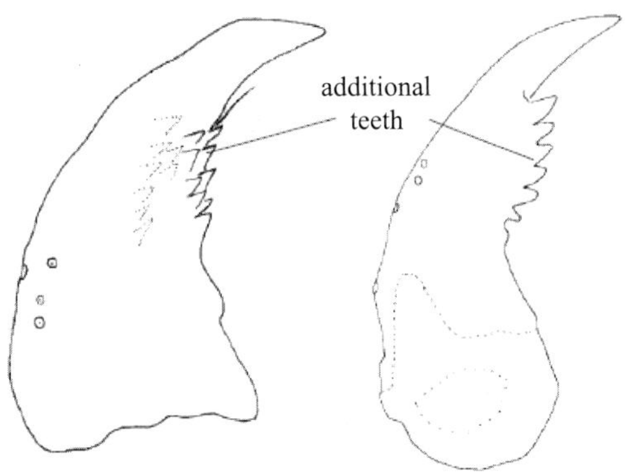

4'　Mandible with basal tooth and 1 or 2 accessory teeth .... 5'

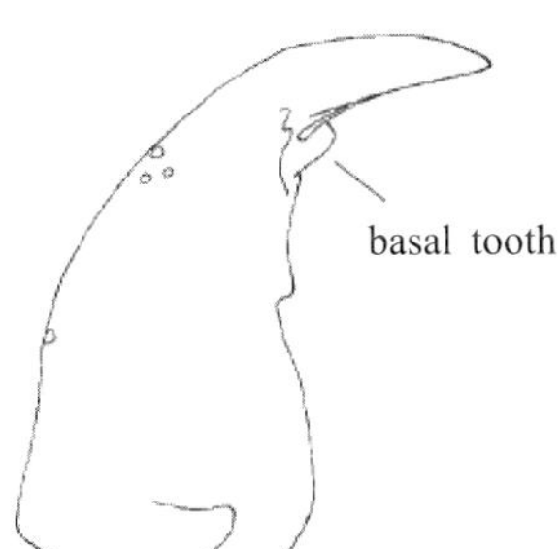

5(4') Ring organ of maxillary palp located near base .... **(성충 미보고)**

5' Ring organ of maxillary palp located near middle or apex 6

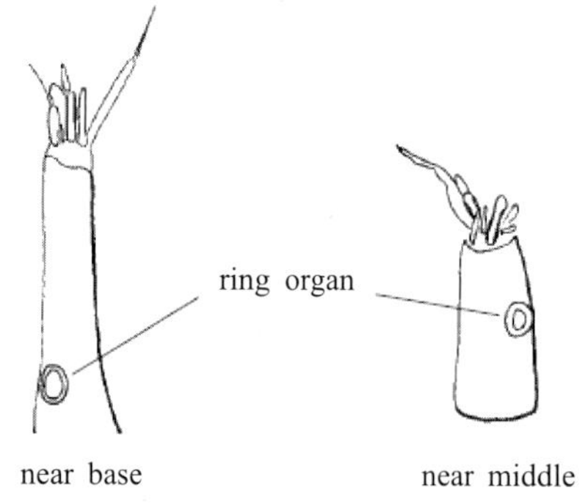

6(5') Ligula with black or dark brown teeth; paralígula with teeth on outer side 7

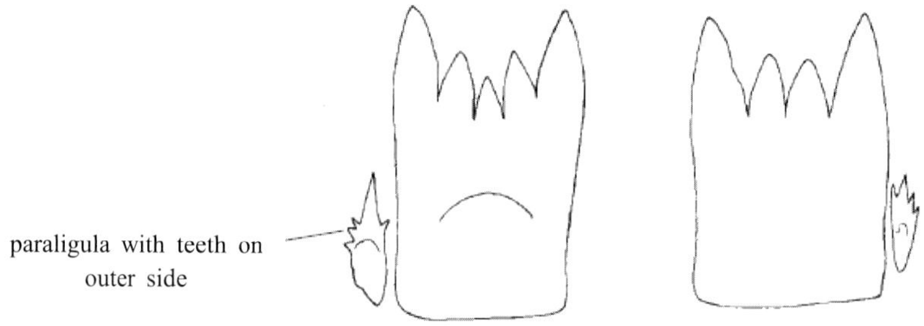

6' Ligula yellow-brown to reddish-brown; paraligula with one tooth on inner side .... **(성충 미보고)**

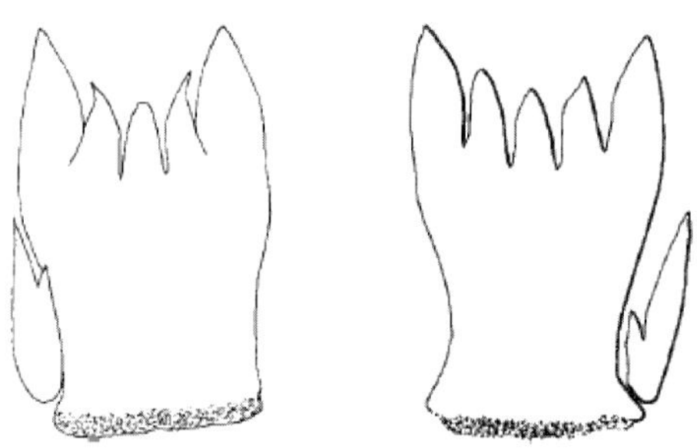

7(6) Antennal blade subequal to length of flagellum; ligula with 5 teeth (4 teeth in aberrant specimens) .... *Procladius*

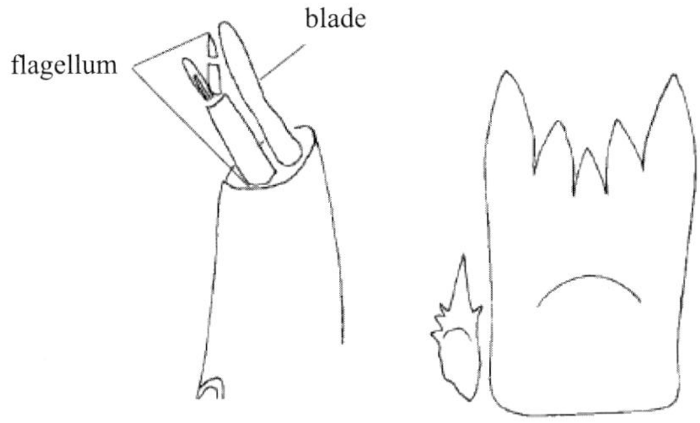

7' Antennal blade about twice as long as flagellum; ligula usually with 4 teeth, but may have 5 teeth .... *Djalmabatista* **(성충 미보고)**

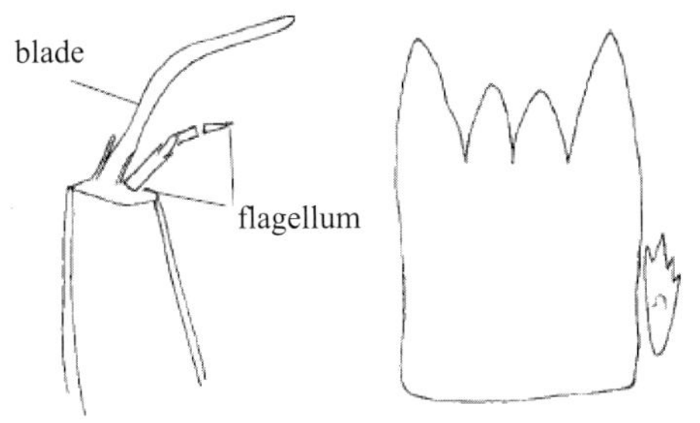

8(1') Maxillary palp with 2 or more sclerotized sections .... 9'

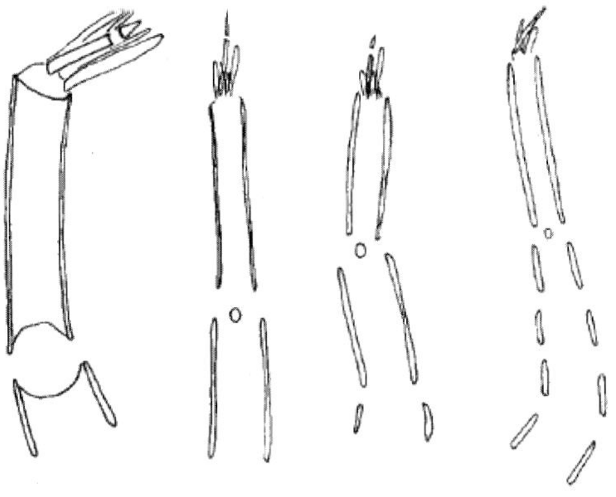

8’ Maxillary palp with single sclerotized basal segment .... 10’

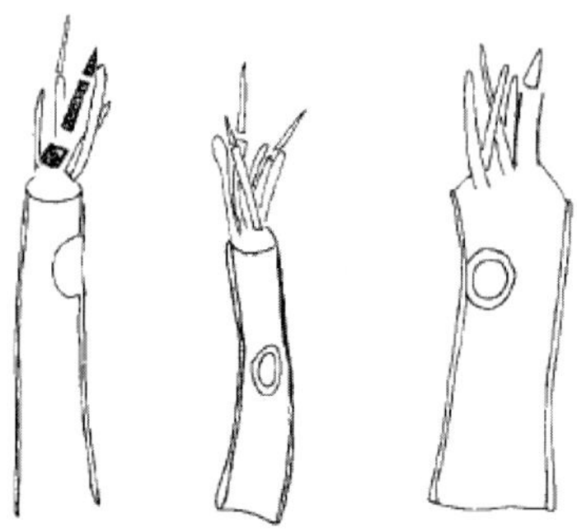

9(8) Maxillary palp with 2 unequal segments, basal segment less than 1/2 length of second segment; pseudoradula broadened posteriorly, appearing attached to transverse bar, with granules of pseudoradula not arranged in longitudinal rows .... *Paramerina* (성충미보고)

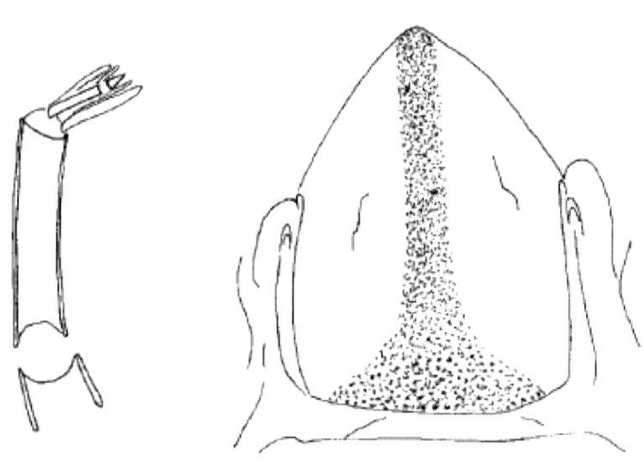

9’ Maxillary palp with 2-6 segments; if only 2 segments then segments subequal in length or basal segment greater than 1/2 length of apical segment (note that in some species with more than 2 segments, basal segment may be very small); pseudoradula not broadened posteriorly, not appearing attached to transverse bar; with granules of pseudoradula often arranged in longitudinal rows ..... *Ablabesmyia*

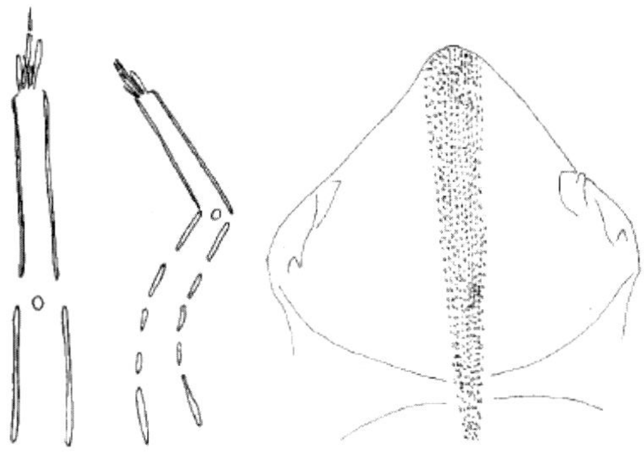

10(8') Median tooth of ligula longer than inner teeth, reaching or surpassing level of outer teeth .... (성충 미보고)

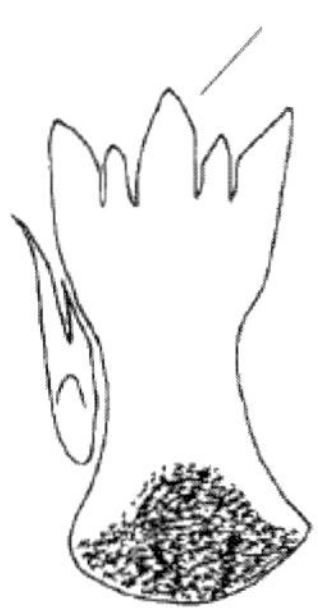

10' Median tooth of ligula less than or equal to inner teeth .... 11'

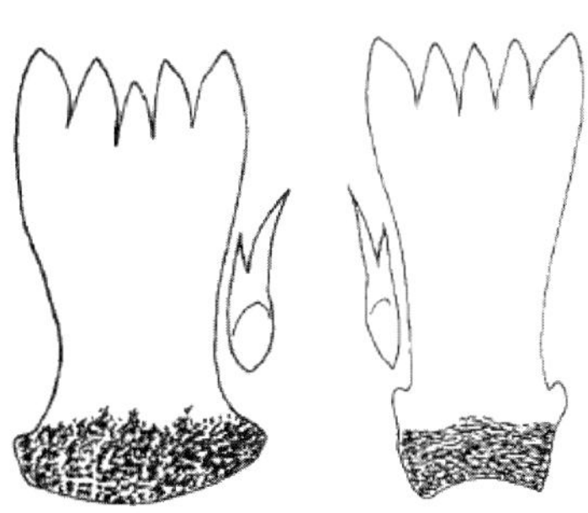

11(10') Apex of antennal segment 2 with large Lauterborn organs, appearing like a tuning fork .... (성충 미보고)

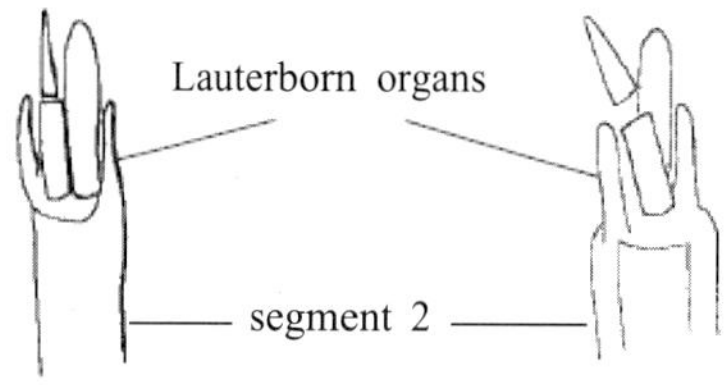

11' Lauterborn organs smaller, apex of second antennal segment not appearing like a tuning fork .... 12'

12(11') Surface of head granulose; body surface with undulating longitudinal wrinkles; 2-3 small claws of posterior parapod with 3 or more inner teeth .... *Guttipelopia* **(성충 미보고)**

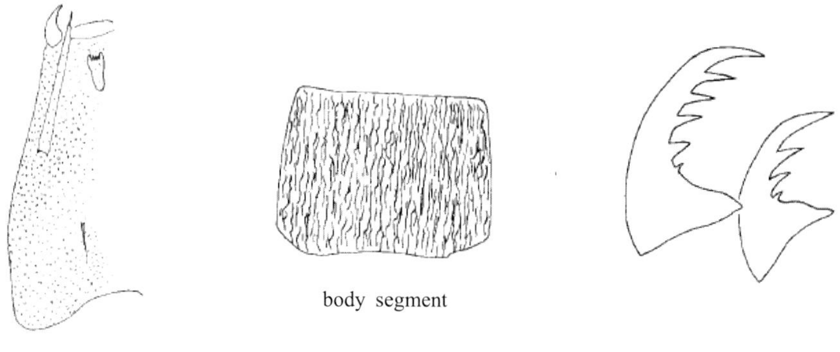

12' Surface of head usually smooth (covered with spinules in one species of *Labrundinia*, couplet 27); body surface smooth; at most 1 small claw of posterior parapod with a single inner tooth 13

13(12') Mandible with a moderately large to large basal tooth 14

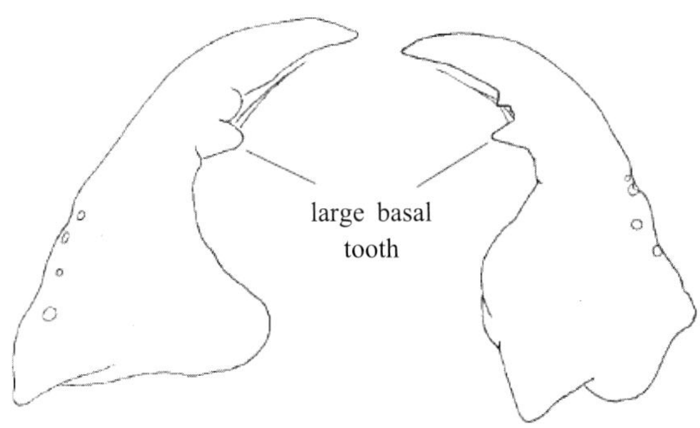

13' Basal tooth of mandible small to minute .... **(성충 미보고)**

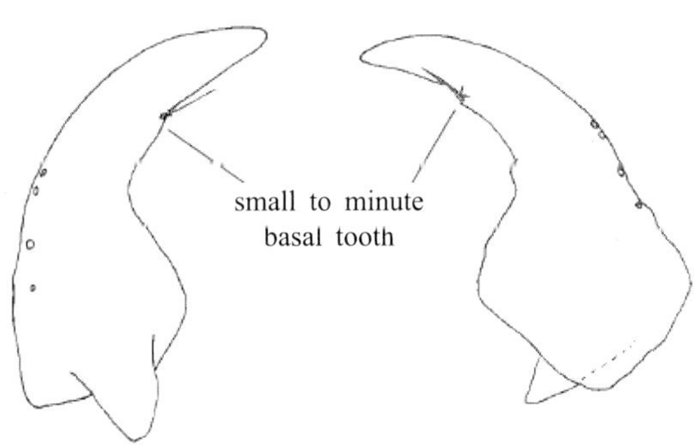

14(13) Supraanal setae arising from large tubercles with dark sclerotized area; (in the most common species, *P. inconspicua*, anal tubules are long and thin, greatly exceeding length of posterior parapods and mandible with large, sharply pointed, apically directed basal tooth; these characters are absent in another species tentatively placed here; see *Pentaneura*) .... *Pentaneura*

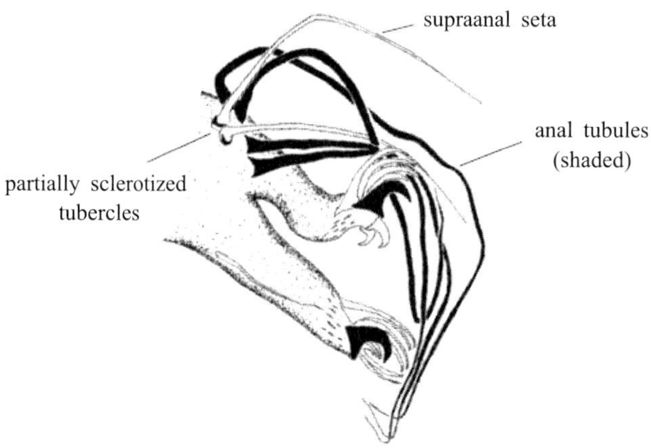

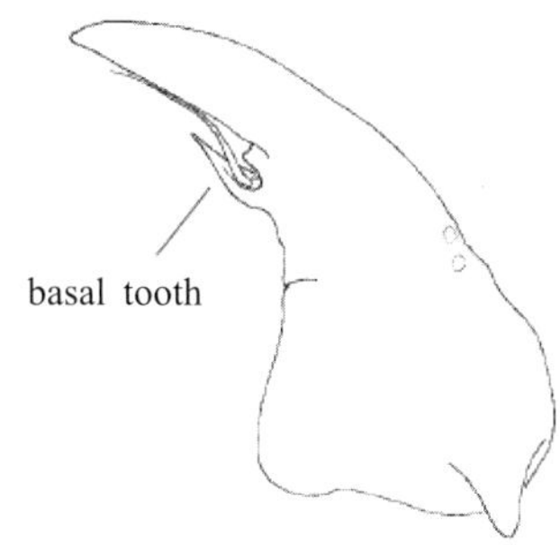

P. inconspicua mandible

14' Supraanal setae not arising from large tubercles with sclerotized area; anal tubules elongate-conical, at most subequal to posterior parapods; basal tooth of mandible variable, but never large, sharply pointed and directed apically (see figures above) .... **(성충 미보고)**

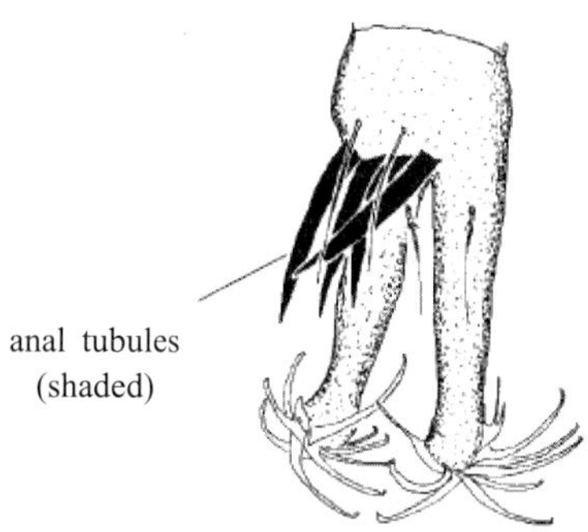

B. Key to Ablabesmyia larvae of the South Korea

1 Maxillary palpus with 2 sclerotized segments .... **(성충 미보고)**

2 segments

1' Maxillary palpus with 3 or more sclerotized segments (the basal segment may be small) .... *Ablabesmyia (Ablabesmyia)* sp. 2

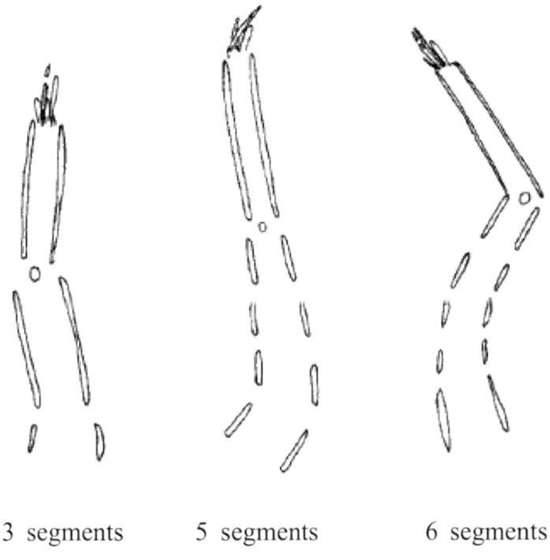

3 segments 5 segments 6 segments

2(1') Maxillary palpus with 3 sclerotized segments .... 3'

2' Maxillary palpus with 5-6 segments .... **(성충 미보고)**

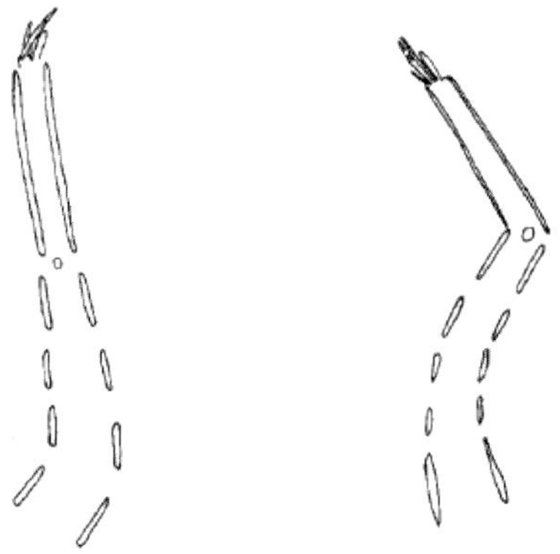

3(2) Apices of ligula teeth even or almost so .... *A. janta* (in part) **(성충 미보고)**

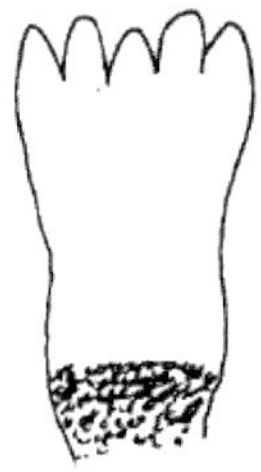

Two "varieties" of *A. janta* will key here; see Notes

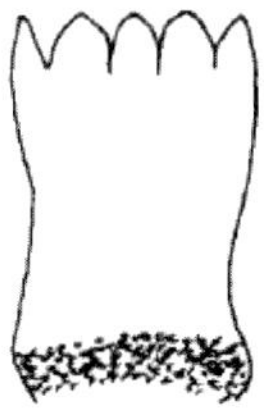

A. janta varity I has 1-2 slightly intuscated posterior parapod claws and is found only associated with unionid mussels

A. janta varity II has 2 dark posterior parapod claws and is free-living

3' Apices of ligula teeth form a concave arc .... 4'

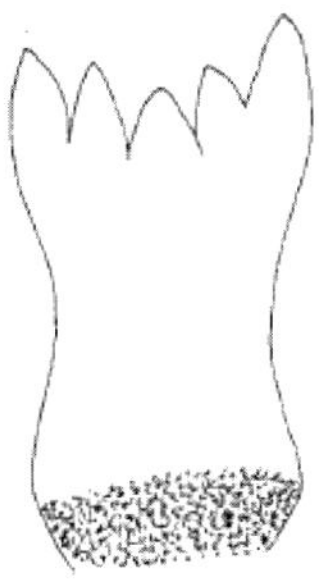

4(3') Head capsule with two large ventral spots; at most one dark claw on posterior parapod; no truncate-based claw present on posterior parapod .... *A. simpsoni* (성충 미보고)

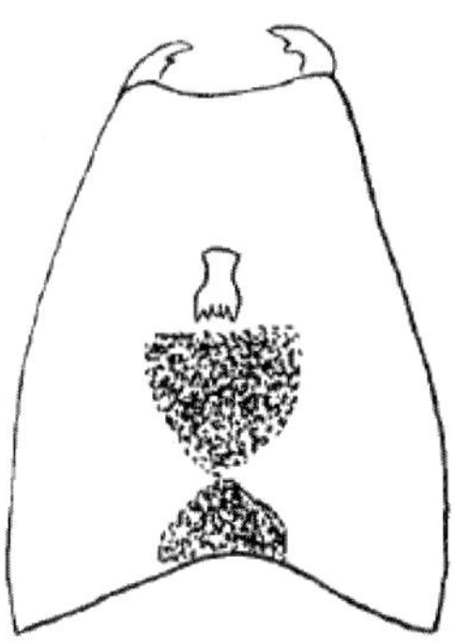

4' Head capsule with at most a diffuse ventromesal spot; posterior parapod with 2 dark claws; a truncate-based claw present on posterior parapod 5

truncate-based claw

5(4') Ligula 〉 80 µm; mandible 〉 155 µm .... *A. monilis*

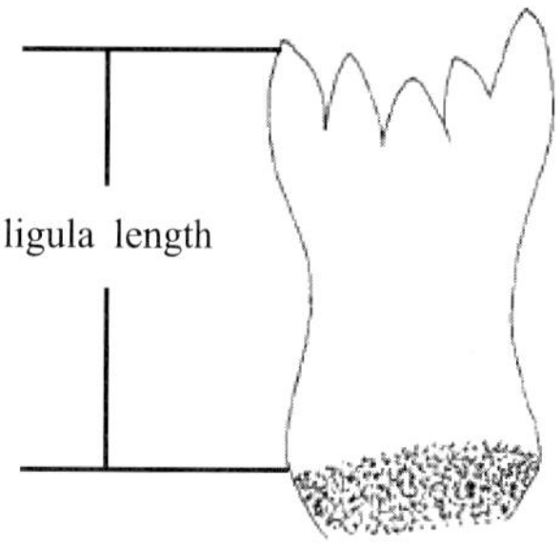

5' Ligula usually 〈 80 µm; mandible 〈 155 µm .... *A. rhamphe* group **(성충 미보고)**

C. Key to Tanypus larvae of the South Korea

1 Smaller claws of posterior parapods pectinate; ligula pale, relatively long and narrow; 4 anal tubules present .... **(성충 미보고)**

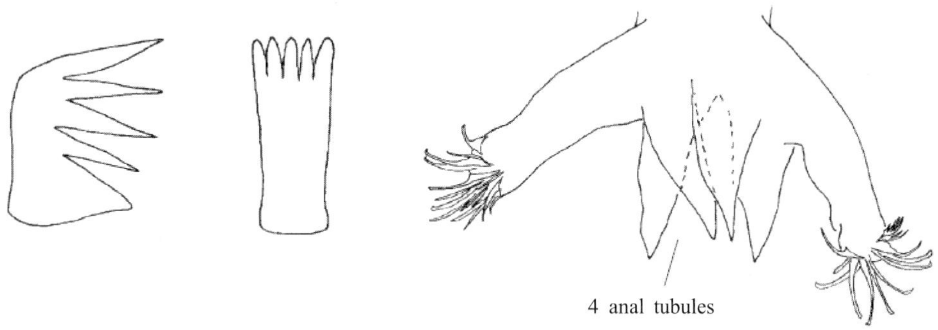

1' Smaller claws of posterior parapods simple or expanded, with at most a serrate inner margin; ligula darker, shorter and wider; 6 anal tubules present or tubules vestigial 2

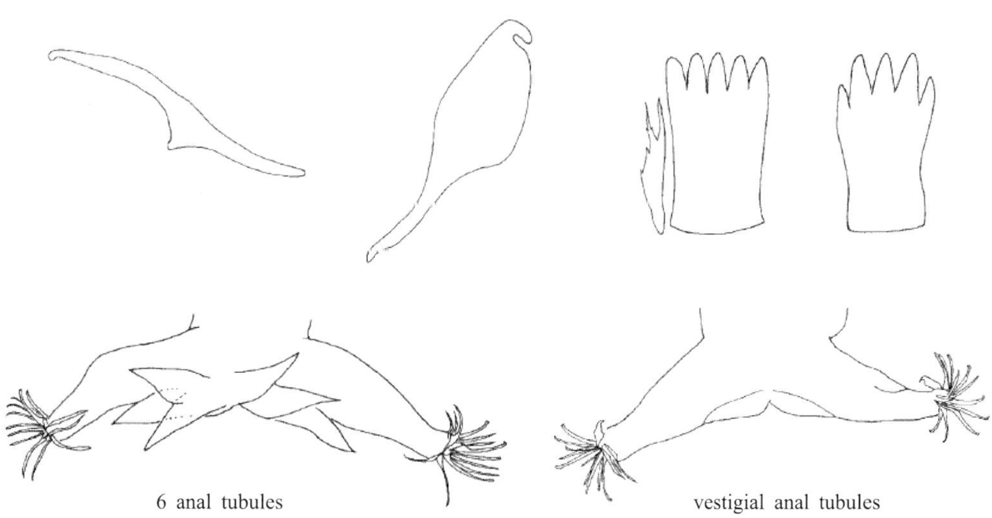

2 (1' Teeth of ligula in even arc; smaller claws of posterior parapods simple 3

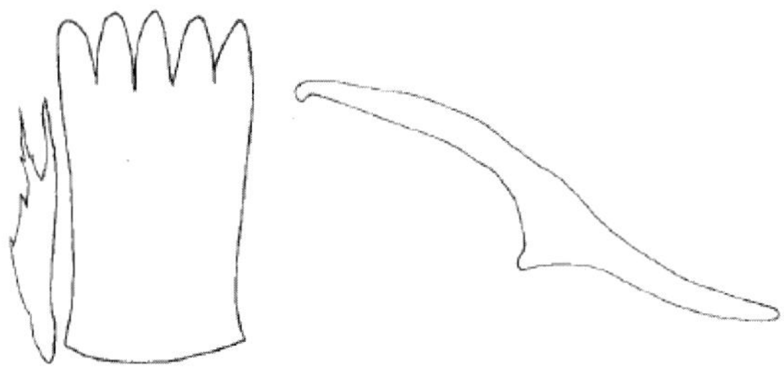

2' Median 3 teeth of ligula much longer than outer teeth; smaller claws of posterior parapods with expanded base .... **(성충 미보고)**

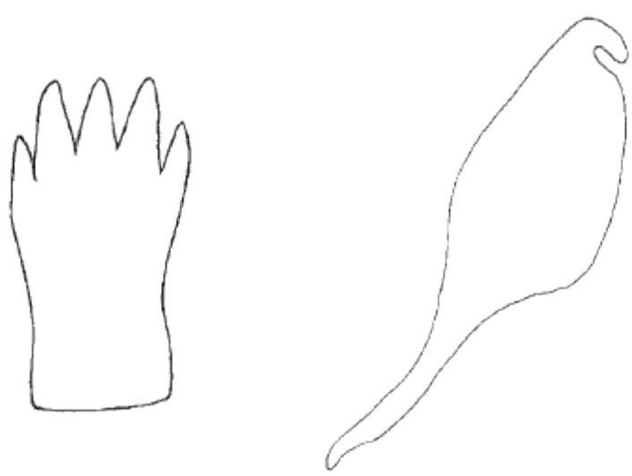

3(2) Paraligula deeply divided to about 1/2 its length; head capsule pale .... *T. punctipennis*

T. punctipennis

3' Paraligula not as deeply divided, at most about 1/3 if its length; head capsule darkened .... *T. carinatus* **(성충 미보고)**

T. carinatus

참고문헌

한국곤충학회. 1994. 한국곤충명집. 건국대학교 출판부.

Ali, A., 1991. Perspectives on management of pestiferous Chironomidae(Diptera), an emerging global problem. *Journal of the American Mosquito Control Association*. 7: 260-281.

Armitage, P. D., P. S. Cranston and L. C. V. Pinder, 1995. The Chironomidae: biology and ecology of non-biting midges. Chapman & Hall.

John H. Epler, 2001. Identification manual for the larval Chironomidae(Diptera) of North and South Carolina.

Kohshima, S., 1984. Migration of the Himalayan wingless glacier midge(Diamesa sp.): slope direction assessment by sun-compasses straight walk. *Journal of Ethology*. 3: 93-104.

Linevich, A. A., 1963. K biologii komarov semeistva Tendipedida 'Biologiya bespozvonochnykh Baikala'. *Trudy Limnologicheskogo Instituta*. 1:3-48

Sasa, M., M, Kikuchi. 1995. Chironomidae (Diptera) of Japan. University of Tokyo Press. Japan.

Wiederholm, T., 1983. Chironomidae of the Holarctic region. Keys and diagnoses. Part I. Larvae. *Entomologica Scandinavica Supplement*. 19:1-457.

Wiederholm, T., 1986. Chironomidae of the Holarctic region. Keys and diagnoses. Part II. Pupae. *Entomologica Scandinavica Supplement*. 28:1-482.

Wiederholm, T., 1989. Chironomidae of the Holarctic region. Keys and diagnoses. Part III. Adults. *Entomologica Scandinavica Supplement*. 34:1-532.

표 1. 한국곤충명집에 기재되어 있는 깔따구과 목록

Family Chironomidae 깔따구과

1. Subfamily Chironominae 깔따구아과 15속 31종

Chironomus circumdatus Kieffer	구술등무늬깔따구
Chironomus dorsalis Meigen	등깔따구
Chironomus flaviplumus Tokunaga	노랑털깔따구
Chironomus kiiensis Tokunaga	안개무늬날개깔따구
Chironomus nipponensis Tokunaga	닙폰깔따구
Chironomus plumosus (Linné)	장수깔따구
Chironomus yoshimatsui Martin et Sublette	요시마쯔깔따구
Cladotanytarsus sinjongensis Ree et Kim	신정눈장부깔따구
Cryptochironomus rostratus (Kieffer)	부리음깔따구
Dicrotendipes nervosus (Staeger)	강갈래깔따구
Dicrotendipes pelochloris (Kieffer)	검은꼬리갈래깔따구
Einfeldia dissidens (Walker)	검은다모깔따구
Endochironomus pekanus (Kieffer)	산자무늬안깔따구
Glyptotendipes tokunagai Sasa	도꾸나가조각깔따구
Hanchironomus tumerestylus Ree	흑꼬리한깔따구
Micropsectra koreana Ree	한소장부깔따구
Microtendipes ureshinoensis Sasa	우레시노꼬마깔따구
Parachironomus arcuatus (Goetghebuer)	활버금깔따구
Parachironomus frequens (Johansen)	하버금깔따구
Paratendipes albimanus (Meigen)	흰다리사촌깔따구
Pentapedilum parasordens Ree	파라솔덴오각깔따구
Pentapedilum pseudotritum Ree et Kim	엽구리오각깔따구
Pentapedilum uncinatum Goetghebuer	갈고리오각깔따구
Polypedilum edense Ree et Kim	에덴무늬깔따구

Polypedilum masudai (Tokunaga)	마스다무늬깔따구
Polypedilum nubifer (Skuse)	구름무늬깔따구
Polypedilum scalaenus (Schrank)	삼지창무늬깔따구
Polypedilum yongsanense Ree et Kim	용산무늬깔따구
Rheotanytarsus dogoensis Ree et Kim	도고유장부깔따구
Rheotanytarsus gayaensis Ree	가야유장부깔따구
Rheotanytarsus kwangnungensis Ree	광릉유장부깔따구

2. Subfamily Orthocladiinae 깃깔따구아과 6속 9종

Brillia japonica Tokunaga	일본쌍뿔깔따구
Cardiocladius fuscus Kieffer	검은종마디깔따구
Cricotopus bicinctus (Meigen)	두흰마디아기깔따구
Cricotopus bimaculatus Tokunaga	두점박이아기깔따구
Cricotopus sylvestris (Fabricius)	숲아기깔따구
Cricotopus triannulatus (Macquart)	세줄아기깔따구
Microcladius suspensus (Tokunaga)	서울꼬마아기깔따구
Orthocladius suspensus (Tokunaga)	그네깃깔따구
Tokunagayusurika akamushi (Tokunaga)	빨간도꾸나가깔따구

3. Subfamily Tanypodinae 늪깔따구아과 3속 3종

Ablabesmyia monilis (Linné)	목걸이알락깔따구
Procladius choreus (Meigen)	알모기깔따구
Tanypus punctipennis (Meigen)	점박이늪깔따구

표 2. 한국에 출현한 깔따구과 목록

Subfamily	Genus	Genus Species
Chironominae	*Chironomus*	*C. arcuatus*
		C. rostratus
		C. dorsalis
		C. kiiensis
		C. nipponensis
		C. indisinclus
		C. nervosus
		C. alniceps
		C. octpguttatus
		C. scalaenus
		C. bicinctus
		C. ceylonicus
		C. circumdatus
		C. dissidens
		C. ferrugineo-villarus
		C. flaviplumus
		C. imperator
		C. inditinctus
		C. javanus
		C. longiforceps
		C. lucifer
		C. molitalor
		C. ncrvosus
		C. nubifer
		C. plumosus
		C. pulchelluls
		C. samoensis
		C. scalaenus

Subfamily	Genus	Genus Species
		C. triannulatus
		C. triparticus
		C. subgeneus Chironomus Group C
	Cladotanytarsus	*C. sinjongensis*
	Criptochironomus	*C. rostratus*
	Dicrotendipes	*D. kieffer*
		D. nervosus
	Einfeldia	*E. dissidens*
	Endochironomus	*E. pekanus*
	Glytotendipes	*G. goryoensis sp. Nov (G. goryoensis Ree and Kim)*
		G. tokunagai
	Harnischia	*H. frequens*
	Micropsectra	*M. koreana n. sp.*
	Microtendipes	*M. ureshinoensis*
	Parachironomus	*P. arcuatus*
		P. frequens
	Polypedilum	*P. edense*
		P. masudai
		P. nubifer
		P. octoguttatus
		P. pharao
		P. pruinosum
		P. scalaenus
		P. yongsanensis
	Rheotanytarsus	*R. dogoensis*
		R. gayaensis
	Pentapedilum	*P. parasordens*
		P. pseudotritum
		P. uncinatum

Subfamily	Genus	Genus Species
Orthocladiinae	*Brillia*	*B. japonica Tokunaga*
	Cardiocladius	*C. fuscus*
	Cricotopus	*C. sylvesris*
		C. bicinctus
		C. bimaculatus
		C. fallax
		C. triannulatus
		C. longipalpis
	Microcricotopus	*M. seoulensis*
	Orthocladius	*O. akamushi*
		O. suspensus
	Propsilocerus	*P. akamushi(=Tokunagayusurika akamushi)*
Tanipodinae	*Ablabesmyia*	*A. monilis*
	Pentaneura	*P. monilis*
	Procladius	*P. choreus*
		P. formosanus
	Tanypus	*T. momilis*
		T. punctipennis

부록 1. 깔따구 동정에 필요한 실험 장비와 물품 체크리스트

슬라이드

커버글라스

슬라이드 라벨

표본제작용액(mounting medium)

슬라이드 박스

광학현미경(위상차) 현미경

실체(해부)현미경

포셉(핀셋)

초자 소모품(접시, 유리병, 바이알 등)

70~80% 에탄올

에틸 아세데이트(ethyl acetate)

투명한 매니큐어

*95% propanol(에탄올 보다 더 느리게 증발되기 때문에 사용)

*빙초산

*xylene

*교반기

*Euparal essence(Euparal을 사용하는 경우에만)

*Canada balsam 또는 Euparal을 사용할 경우

포셉은 가능한 한 가장 뾰족한 끝을 가진 것을 사용하며 Dumont의 #5가 좋으며 가능한 날카롭게 유지하는 것이 중요하다.

부록 2. 용어 설명과 약자

accessory blade(부속날개): 촉각날개(antennal blade)에 인접한 작게 신장되어있는 구조로 보통 촉각날개(antennal blade)와 부분적으로 융합되어 있음.

accessory tooth(부속니): Tanypodinae 아과에서 대악(mandible) 기부니(basal tooth)와 정단니(apical tooth) 사이의 작은 니. 등부속니(dorsal accessory tooth)라고도 함.

anal seta(setae)(항문강모): 전미모(procercus)의 중앙에 위치한 강모. procercal setae라고도 함.

antennal blade(촉각 날개): 편모(antennal flagellum)에 인접하여 신장된 구조로 첫 번째 마디의 중앙으로부터 발생함.

apotomal fenestra: 원형에서 타원, 정방형 부분, 보통 전중(anteromedial). 전복판(apotome) 위 밝은 색, 다른 두께 또는 다른 질감으로 된 전복판의 나머지 부분을 칭함.

apotome(전복판): 복판의 앞면.

AR(촉각비): 촉각 비율. 유충에서 정단 마디에 결합된 촉각 첫째 마디의 길이 비율.

b sensillum: 소악 촉수(maxillary palp) 끝에 있는 작고, 원통형의 1~3개의 마디로 된 감각기; Thienemannimyia 그룹의 tanypod 유충 속(genera)의 범위를 결정할 때 유용함.

basal tooth(기부니): tanypod 대악(mandible) 인편강모(sub dentalis)의 기부이빨.

beard(자모): 깔따구 유충 중 하순기절(mentum)과 복부기절판(ventromental plate)의 측면 끝의 인접부위나 아래쪽에 존재하는 강모(setae) 그룹. 축절자모(cardinal beard)는 대부분 orthoclads 내에서 찾아볼 수 있으며 소악의 축절(cardo)로부터 기원한다; 종종 복부기절판(ventromental plate) 아래 강모처럼 나타남. 복측부자모(ventromental beard)는 복부하순기절(ventromentum)의 등부분(dorsal), 안쪽 표면으로부터 기원함.

prodiamesines와 orthoclad *Diplocladius*에 찾아볼 수 있음.

bifid(이분된): 두 부분으로 나누어짐.

cardo(cardines)(축절): maxilla(소악)의 안쪽 기부의 일부분.

chaetulae laterales(측가시털): 즐치상 상인두(pecten epipharyngis) 각 면 위의 단순모양 또는 즐치상의 날개깃(blades).

clypeus(두순): S 3 강모(setae)에서 나타나는 머리와 전두 전복판(frontal apotome)의 중앙이 인접하는 부위의 등경판(dorsal sclerite).

conjunctiva(conjunctivae)(결막): 체절 내의 막.

corona(극관): Tanypodinae 번데기의 흉부각(thoracic horn) 중심 근처의 밝은 부분.

crenulate(톱니 모양의): 규칙적으로 갈라진 모양새로 끝부분에 나타나는 가리비 조개의 끝부분처럼 일렬로 배열된 끝이 둥글거나 갈라진 이빨.

digitiform: 손가락 모양의.

distal: 말초의.

dorsal: 등부분의. 가장 위쪽의 표면 또는 가장 높은 쪽.

dorsal accessory tooth(등부속니): 대악(mandible)의 dorsal tooth 또는 teeth, 정상적인 것보다 더 크거나 중앙에 있는 dorsal tooth.

dorsum: 가장 위쪽 표면, 높은 쪽.

exuviae(탈피각): 탈피각. exuviae는 단수형이고 복수형인 exuvium은 부정확한 표현임.

flagellum: 채찍마디, 편절

frontal apotome(전두 전복판): 대부분의 분류군에서 볼 수 있는 접합에 의해 형성된 머리의 가장 위쪽 중앙에 신장되어 있는 판. 번데기가 탈피할 때 쪼개짐.

frontal pit: 일부 유충(*Dicrotendipes*)의 전두 전복판(frontal apotome) 전연(anterior margin)

의 중심부 또는 *Glyptotendipes*의 두부에서 전복판까지 일직선으로 된 부분에 있는 중소 크기의 내부구멍(internal pit).

frontoclypeal setae(이마강모): S 3 강모(setae), 두순(clypeus)과 전두 전복판(frontal apotome) 앞면이 융합되어 기인됨.

in part: 분류군이 하나 이상의 분류키 안에서 출현함.

labial plate: 하순기절(mentum).

labral lamella(lamellae)(상순박막층): 상순의 중앙 전연(anterior margin) 부근의 비늘과 같은 깃털구조들.

labral sclerite(s)(상순절편): 두순(clypeus)과 머리 위쪽 정면의 전두 전복판(frontal apotome)으로 곧장 난 중앙경판(central sclerites).

labrum(상순): 두부(head capsule)의 앞쪽 등 부분에 위치함. 기본적으로 윗입술.

lateral(옆쪽): 측면을 향함.

lauterborn organs: 촉각의 감각기관으로 두 번째 마디의 말단에 위치하며 보통 손가락 모양임.

ligula(순설): Tanypodinae의 두부 중심부 가까이에 있는 혀 모양과 같은 내부의 판으로 경화되어 있으며 톱니 모양임.

M appendage(M 부속지): 전하순기절(prementum)의 앞쪽 중앙부 가까이에 있는 막 형태의 삼각형으로 된 화살촉 모양의 부속지. 보통 의렬상부(pesudoradula)가 있음.

maxilla(maxillae)(소악): 대악(mandible) 기부 가까이에 위치하는 구기(mouthpart). 축절(cardo), 외엽(galea), 내엽(lacinia), 색조(strips)-(이러한 구조들은 깔따구 유충에서는 본질적으로 유합되어 있음) 그리고 소악수염(maxillary palp)으로 구성되어 있음.

maxillary plate(작은턱판): 복부 판 위의 선이 있는 소악(maxilla) 기부의 배면.

medial(중간의): 중앙이나 중앙으로 향하는 것을 의미함.

mentum(menta)(하순기절): 두부의 앞쪽 배면 가장자리 위의 이가 있는 판. 복부하순기절(ventromentum)과 등면하순기절(dorsummentum)이 융합하여 구성되어 있음.

mola(어금니): 안쪽에 위치한 대악(mandible) 아래쪽의 이빨.

nomen dubium(nomina dubia)(의문명): 과학적인 명칭으로 불확실하거나 알려지지 않은 것들을 칭함.

palmate(손바닥 모양의): 손 모양과 같은, 손가락과 같은.

paralabial plate(부하순판): 복부기절판(ventromental plate).

paraligula(부순설): 순설(ligula)에 연결된 작게 경화된 구조.

parapod(s)(측지): 유충의 다리. 대부분의 유충이 전측과 후측에 1쌍씩 가지고 있음.

pecten epipharyngis(즐치상 상인두): 상순(labrum)의 앞쪽 중앙 말단에 위치하는 구조. 대개 얇은 판(lamellae), 돌기(spine), 빗 모양(pectinate comb) 3가지의 형태로 구성되어 있음.

pecten galearis(즐치상): 소악(maxilla) 외엽(galea) 표면 위의 작은 빗 모양의 구조.

pecten hypopharyngis(즐치상 하인두): Tanypodinae에서 순설(ligula) 기부 양쪽의 빗 모양의 구조.

pecten mandibularis(즐치상 큰턱): 대악(mandible)의 복부(ventral) 말단 가까이에 있는 강모(setae) 그룹.

pedestal(받침대): tanytarsine 유충에서, 두부(head capsule)의 위쪽 돌기(tubercle)의 촉각에서 발생함.

pectinate(빗모양, 즐치상): 빗 모양과 같은.

pedicel(자루): 경상부(stalk) 또는 대(stem).

pharate(탈피직전 단계): 선행하는 단계의 표피(cuticle) 범위를 근간으로 함. 탈피직전 번데기(pharate pupa)는 유충 표피(larval skin)내에서 발달하고, 탈피직전 성충(pharate adult)은 번데기 표피(pupal skin)에서 발달함.

plastron(모반):Tanypodinae의 번데기 가슴흉부 호흡각(thoracic horn) 정단의 다공성판(porous plate).

plumose(우모상의): 매우 미세하게 분할된 깃털과 같은.

postmentum(후하순기절): 두부(head capsule)의 후측에서 하순기절(mentum)의 아래쪽 부분.

premandible(전대악): 한 쌍으로 이루어져 상순(labrum) 아래의 구조들을 움직일 수 있게 신장됨. 일부 아과(Podonominae, Tanypodinae)에서는 상실되거나 퇴화함.

premandibular brush(전대악모): 전대악(premandible) 가까이에 있는 강모 그룹.

prementum(전하순기절): 전하순기절-하인두 복합체(premento-hypopharyngeal complex), 내부의 부드러운 배면 돌출부. 하순기절의 위쪽에 위치하며 순설(ligula), 부순설(paraligula), 하순기 촉수(labial palp)와 M 부속지(M appendage)를 수반함.

procercus(procerci)(전미모, 전미각): 항문(anus) 위에 있는 작은 돌기(tubercle). 항문강모(anal setae) 정단에 나타남. 일부 분류군에서는 없거나 퇴화함.

proximal: 기부 가까운 쪽으로, 인접하는.

pseudoradula(의렬상부): M 부속지(M appendage)의 중앙에 존재하는 굵은 점으로 된 횡단으로 된 띠.

ring organ(환상기관): 원형의 구조(종모양의 감각기관)로 소악수염(maxillary palp)과 촉각 첫째 마디에서 찾을 수 있음.

rugose(축엽증상, 주름): 주름이 지거나 물결모양의.

S I, S II, S III, S IVA, S IVB: 상순(labrum) 앞등쪽 표면의 주요한 강모(setae).

S 1-S 12: 두부(head capsule)의 강모(setae).

seta interna(내강모): 대악(mandible) 등면의 기부 부근에 위치한 강모(seta)(보통 정단에 가지가 있음).

seta subdentalis(인편강모): 대악(mandible)에 인접한 안쪽 이빨의 강모(seta).

setae submenti(singular: seta submenti)(하순하기절강모): 하순기절(mentum)의 바로 뒤쪽의 한 쌍의 강모(setae). 일부 분류군에서는 더 뒤쪽에 위치함.

sternite(복판): 체절의 배면 위치(번데기에서 배마디(abdominal segment)를 의미함.

stria(striae)(줄, 선): 강조되어 특징 있는 선. 보통 깔따구과의 복부 판에 있는 선(strial ridges).

style(첨기, 침상체): 작은 원통의 감각 기관으로 보통 촉각 두 번째 마디에 위치함. 때때로 체절의 중앙 가까운 곳에 위치함.

supraanal setae(항상강모): 전미모(procerci)의 배면과 항문세관(anal tubules)의 위쪽.

taenia(taeniae)(띠): 편평한, 리본모양의 강모(setae), 종속적인 형태 (taeniate).

taxon(taxa)(분류군): 종, 속, 과 등과 같은 분류학적 단위.

tergite(등판): 체절의 등 부분.

teneral(부정 성충): 탈피를 막 끝냄. 부정 성충의 개체들은 보통 정상적인 체색을 갖추지 못하고, 아직 완전히 경화되지 않은 몸의 일부를 가지고 있음.

thoracic horn(흉부각): 번데기 견부(shoulder) 근처의 구조. 단순한 자루 모양의 구조, 관 모양, 타원 모양, 나뭇가지 모양, 깃털 모양 또는 부재되어 있음.

triangulum occipitale(삼각편 후두부): 두부(head capsule)의 말단과 앞쪽 첫 번째 봉합선 사이의 거친 삼각(형)지역.

tribe(족, 연): 아과(subfamily)와 속(genus) 사이의 분류학적 단위.

tubules(세관): 몸통 체절의 X-XI(복세관(vetral tubular) 또는 전두세관(caudolateral tubular))이나 근처의 항문세관(anus, anal tubules)으로부터 기원된 관모양의 아가미(주름이 잡힌)와 같은 구조들.

VP: 복부의 구멍(ventral pore). 두부의 배면에 위치한 감각기관.

venter(배): 아래쪽 또는 밑바닥 부분.

ventral(배의, 복부의): 아래쪽 또는 밑바닥 부분을 나타냄.

ventromental plate(s)(복부기절판): 두부(head capsule)에 인접한 하순기절(mentum) 양쪽에 판 모양 또는 선반 모양과 같은 배면의 생성물.

vortex(vortices): 일부 번데기 복부의 복판에 후측 부분에 위치하는 원형의 돌기(spine) 그룹. 기존 용어로 'pedes spurii A' 라고 함.

수환경 오염지표인 깔따구과(Chironomidae) 개론

인쇄 | 2015년 1월 20일
발행 | 2015년 1월 26일

저자 | 곽인실
발행인 | 지병문
발행처 | 전남대학교출판부

등록 | 1981. 5. 21. 제53호
주소 | 500-757 광주광역시 북구 용봉로 77
전화 | (062) 530-0571~2 **마케팅** 530-0573
팩스 | (062) 530-0579
홈페이지 | http://www.cnup.co.kr
이메일 | cnup0571@hanmail.net

값 15,000원

ISBN 978-89-6849-180-1 (93490)

이 도서의 국립중앙도서관 출판예정도서목록(CIP)은
시지정보유통지원시스템 홈페이지(http://seoji.nl.go.kr)와
국가자료공동목록시스템(http://www.nl.go.kr/kolisnet)에서 이용하실 수 있습니다.
(CIP제어번호 : CIP2015010780)